高职高专环境设计专业校企合作规划教材

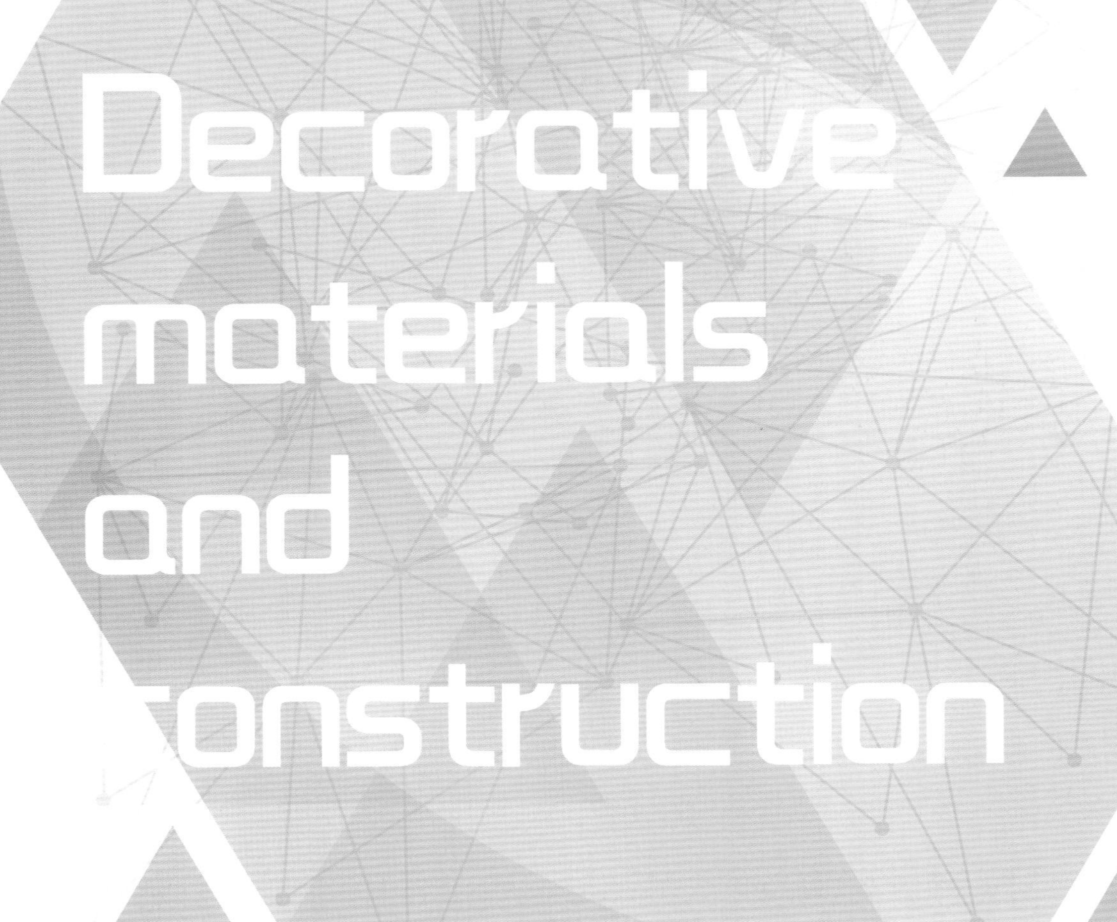

装饰材料与工艺构造

主编 李 勇

副主编 吴振志 张 强

辽宁美术出版社

图书在版编目（CIP）数据

装饰材料与工艺构造 / 李勇主编 ；吴振志，张强副主编. — 沈阳 ：辽宁美术出版社，2022.5

高职高专环境设计专业校企合作规划教材

ISBN 978-7-5314-9033-3

Ⅰ. ①装… Ⅱ. ①李… ②吴… ③张… Ⅲ. ①建筑材料－装饰材料－建筑构造－高等职业教育－教材 Ⅳ. ①TU56

中国版本图书馆CIP数据核字（2021）第141384号

出 版 者：辽宁美术出版社

地　　址：沈阳市和平区民族北街29号　邮编：110001

发 行 者：辽宁美术出版社

印 刷 者：辽宁新华印务有限公司

开　　本：889mm×1194mm　1/16

印　　张：7.5

字　　数：180千字

出版时间：2022年5月第1版

印刷时间：2022年5月第1次印刷

责任编辑：罗　楠

版式设计：杨贺帆

封面设计：唐　娜　卢佳慧

责任校对：满　媛

书　　号：978-7-5314-9033-3

定　　价：55.00元

邮购部电话：024-83833008

E-mail:lnmscbs@163.com

http://www.lnmscbs.cn

图书如有印装质量问题请与出版部联系调换

出版部电话：024-23835227

序　言

任何时候，教材建设都是高等院校学术活动的重要组成部分。教材作为教学过程中传授教学内容、帮助学生掌握知识要领的工具，具有传递经验和重构知识体系的双重使命。近年来，新科技、新材料的变革，促使设计领域高速发展，内容与形式不断创新，这就要求与设计行业、产业关联更为紧密的高等职业教育要更加注重科学性、系统性、发展性，对于教材中知识更新的要求也更加迫切。

上海工艺美术职业学院作为国家首批示范校之一，2015年开始将室内设计、公共艺术设计、环境设计学科整合重构，建立围绕空间设计的专业群；紧密联合国内一流设计企业和相关行业协会，开展现代学徒制，建立以产业链岗位群能力为核心的“大类培养，分层教育”的人才培养模式。此次组织编写的系列规划教材正是本轮教学改革的阶段性成果，力求做到原理与应用相结合、创意与技术相结合、分解与综合相结合，打破原有专业界限，从“大环艺”的角度，以美术、建筑、新媒体等多学科视角解读空间设计语言，培养宽口径、精技能的实践型设计人才。

教材编写过程中得到上海市装饰装修行业协会、江苏省室内装饰协会、上海全筑建筑装饰集团股份有限公司、上海上房园艺有限公司及深圳骄阳数字有限公司等数十家行业协会、企业的指导与支持，感谢他们在设计教育过程中的辛勤付出。

最后，我们也应牢记，教材的完成只是一个阶段的记录，它不是过往经验的总结和一劳永逸的结果，而应是对教学改革新探索的开始。

上海工艺美术职业学院院长、教授
仓平

前　言

本书系上海工艺美术职业学院环境艺术学院首批规划教材之一。长久以来，职业教育中的环境艺术设计、室内艺术设计等相关专业，针对“装饰材料与工艺构造”课程职业教材开发数量偏少，教材选用有一定难度。基于教材使用现状，本书作为系列规划教材之一，是从职业教育角度编写的适合职教学生学习的实用型技能教材。

针对环境艺术设计、室内艺术设计等相关设计专业，学生学习过程中设计理念、技法表达相对熟练，但是在设计方案落地物化表达上处于相对滞后的情况，本书从材料美学角度，分析材料在设计方案中的美学表达，采用前沿设计案例进行引导学习，激发学生对设计创新理念与材料设计的表达驾驭能力。同时在工艺构造上，从基础构造原理入手，逐步提升工艺构造深度与难度，与实际案例相结合，与二维、三维构造图示相结合，将工艺构造知识重点与难点分解在不同基础构造原理中，由浅入深，循环提升，适应职业教育学生学情，达到学习目标。

本书在编写过程中，得到教学合作企业、兄弟院校大力支持与帮助，并借鉴众多优秀案例对材料与构造进行解读说明。本书在编写过程中已逐一标注案例出处，如有疏漏，还请与编者联系，再版更正，在此一并感谢。

由于本书编写时间紧迫，在编写过程中，难免出现知识内容介绍不够深入、原理阐述不能完全表达等暇疵，因此恳请专家、学者批评指正，望再版补充完整、精益求精。

李勇

目 录

「_ 第一章　概述」

第一章　概述

第一节　材有美

一、材料概述

建筑是造型的艺术，人们是从它的造型、材质等各种形式去感知空间美学。黑格尔曾说过："音乐是流动的建筑，建筑是凝固的音乐。"（图1-1、图1-2）。建筑是凝固的音乐，那么材料则是凝固音乐这篇乐章上跳动的音符，奏响整个华丽的篇章。

空间装饰美感来源于设计创意表现，装饰材料作为设计创意表现的物化载体，离不开品类丰富的材质样式、美轮美奂的纹理图案、恰如其分的情感表达（图1-3、图1-4）。装饰材料发展至今，不仅对常规空间起到保护及装饰作用，更是营造空间美学的关键载体。材料的丰富性，给创意带来更多的设计表达（图1-5～图1-7）；材料工艺构造的合理性与先进性，也让装饰材质安装更为安全，空间效果更加出彩（图1-8～图1-12）。

图1-1　建筑音符1

图1-2　建筑音符2

图1-3　材料情感1

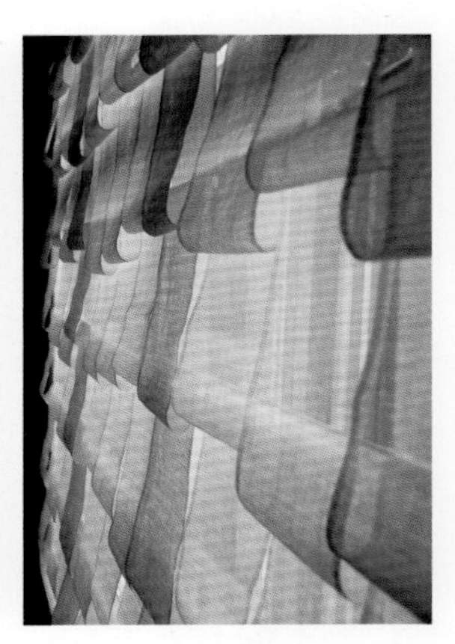

图1-4　材料情感2

图1-5　材料表现创意1

图1-6　材料表现创意2

图1-7　材料表现创意3

图1-8　空间效果1

图1-9　空间效果2

图1-10　材料工艺构造1

图1-11　材料工艺构造2

图1-12　材料工艺构造3

图1-13　材料与生活1

图1-14　材料与生活2

二、材料设计

设计是人类“有目的的造物活动”。原始人类从腰间围绕树叶作衣，发展到新旧时期各类工具，都是设计创造的结果，树叶、石头、木头等，就是最原始的设计材料。随着生产力的进步，生产工艺的提高，对材料加工的工艺提升，人类设计造物越发精美与精致，出现各类材料丰富人类的生活。纵观人类的造物史，实际上是不断发现材料、利用材料、设计材料的历史，材料无时无刻不在影响我们的生活（图1-13、图1-14）。

1.形式设计原则

空间设计形态多变、功能各异，空间装饰在设计手法处理上千变万化，在材料的选取与设计上，应根据不同材料的外观形态进行设计处理，以达到材料最佳的装饰效果（图1-15）。

2.功能设计原则

不同类型的空间设计，对材料要求不同，材料因本身质感的特殊性，在空间使用上不能一概而论，应根据材料本身质感赋予独特的功能特性，在空间设计上进行区别化设计，以体现功能与装饰的共生效果（图1-16）。

3.搭配设计原则

空间三大界面在设计处理上，单一的材质使用很难赋予空间良好的装饰效果，在空间设计上，多种材料的恰当使用，会使空间效果更加出彩。材质可在质感、颜色、纹理等方面进行系统的搭配设计，以追求最佳装饰效果。此外，在经济技术参数上也需充分考虑昂贵材料与常规材料的合理搭配使用（图 1−17 ～图 1−19）。

三、材料美学

装饰材料作为材料中的特殊分类，产生的社会根源是在生活水平满足的前提下对美好生活的向往。从秦砖汉瓦到当代石材、瓷砖、布艺及新型材料等，均是空间装饰不可或缺的材料。进入 21 世纪，在创意与生产工艺达到空前高度的今天，各类新材料层出不穷，材料已突破常规形态的式样，材料不仅限于常规的木、石、砖、瓦的传统形态及用法，更多新颖、独特的设计赋予装饰新的精神内涵（图 1−20）。

1.色彩美学

色彩感知是人类与生俱来的特殊功能，是美感中最大众化、

图1−15　形式设计

图1−16　功能设计

图1−17　搭配设计1

图1−18　搭配设计2

图1−19　搭配设计3

图1−20　材料美学

最普通的感知，同时色彩也是最富有情感的设计元素。色彩在材料这个载体上所呈现出的不同颜色，反映了材料的色彩特征。色彩的明度、对比度、色温等色彩属性，使材料衍生出色彩美学上的情感属性。暖色调的材料给人以温馨、舒适的体验，冷色调的材料给人以清凉、平静的体验（图 1—21）。

2.形态美学

装饰材料品种丰富、形态各异，形态结构作为材料特殊的存在形式，是空间装饰造型的基本要素（图 1—22）。现代空间装饰追求人与自然共生的设计理念，在空间情感表达上，不同材料不同的形态美感蕴含不同的信息与情感交流（图 1—23）。

3.肌理美学

材料肌理是视觉与触觉上可感知的表面质感，是材料本身特有的基因属性，是区别各类材料的专属印记（图 1—24 ～图 1—27）。在装饰设计上，合理利用材料的肌理美感，可丰富空间效果，增加视觉美感层次（图 1—28）。

图1—21　色彩美学

图1—22　形态美学1

图1—23　形态美学2

图1—24　肌理美学1

图1—25　肌理美学2

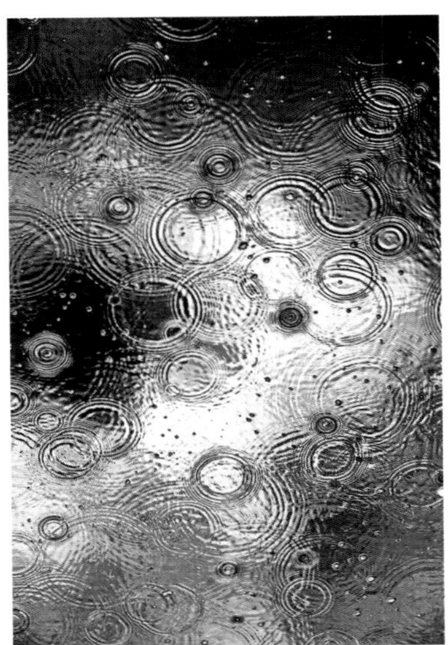

图1—26　肌理美学3

图1-27　肌理美学4

图1-28　肌理空间效果

图1-29　玻璃

四、材料分类

1.燃烧性能分类

材料燃烧性能是设计选材时首要考虑的因素，在装饰设计消防审核中，对材料燃烧性是否符合消防标准实行一票否决制，可见材料的燃烧性对设计选材使用起到至关重要的作用。

根据材料燃烧性（见表），可分为：不燃材料（图1-29、图1-30）、难燃材料（图1-31）、可燃材料（图1-32、图1-33）、易燃材料（图1-34）。

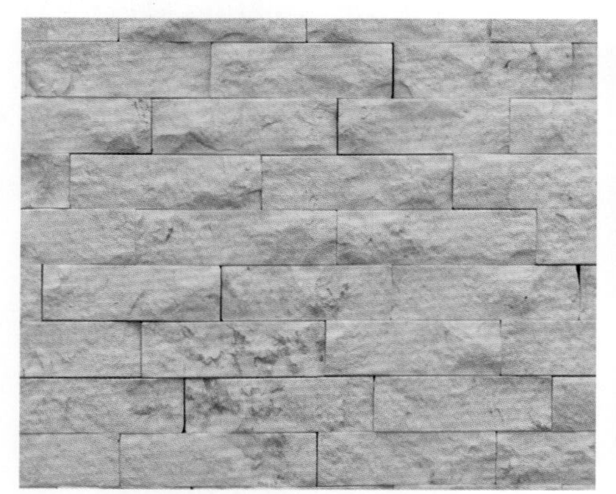
图1-30　瓷砖

图1-31　纸面石膏板

图1-32　木制人造板

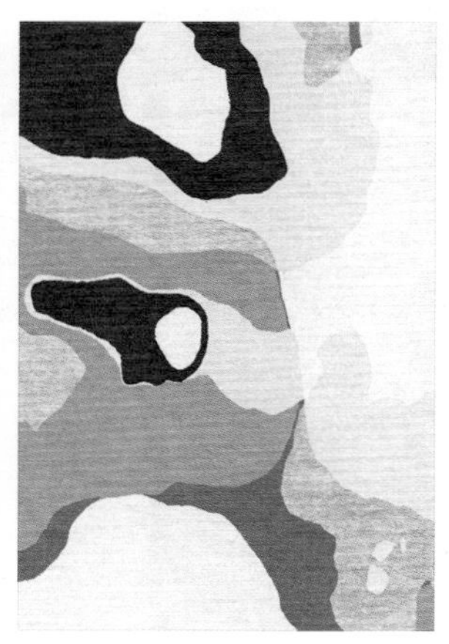
图1-33　壁纸

图1-34　布艺

常规装饰材料燃烧性能等级划分表

等级	燃烧性能	材料举例
A	不燃性	石材、瓷砖、石膏板、玻璃、金属制品、水泥制品
B1	难燃性	纸面石膏板、各类经阻燃处理的人造板材等
B2	可燃性	木制人造板、墙布、壁纸、经阻燃处理的织物等
B3	易燃性	油漆、布艺等

2.材料质地分类

根据材料质地，可分为以下几种：金属材料，如不锈钢（图1–35）、铝板、铝合金、金、银、铜、铁等；非金属有机材料，如木材及木制品、塑料制品（图1–36）、有机涂料、装饰织物等；非金属无机材料，如石膏板、水泥、石材、瓷砖（图1–37）等；复合材料，如人造石材（图1–38）、彩钢瓦、铝塑板等。

3.商品名称分类

根据商品名称可分为：石材类、陶瓷类、木制类、织物类、板材类、油漆类、金属类、壁纸类、地板类、涂料类、配件类等（图1–39～图1–42）。

图1–35　不锈钢板

图1–36　塑料制品

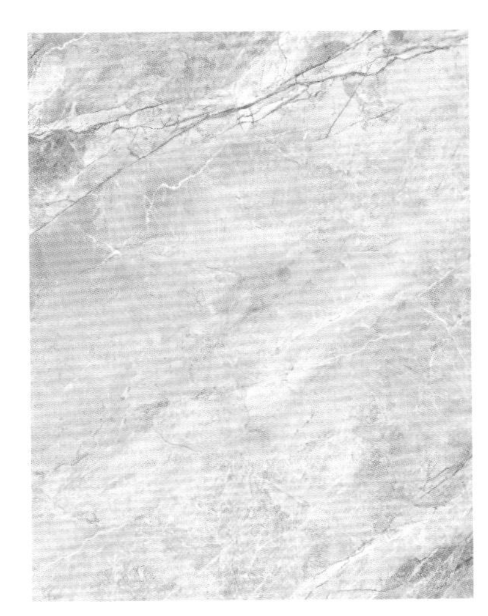

图1–37　瓷砖

图1–38　人造石

图1–39　石材

图1–40　陶瓷

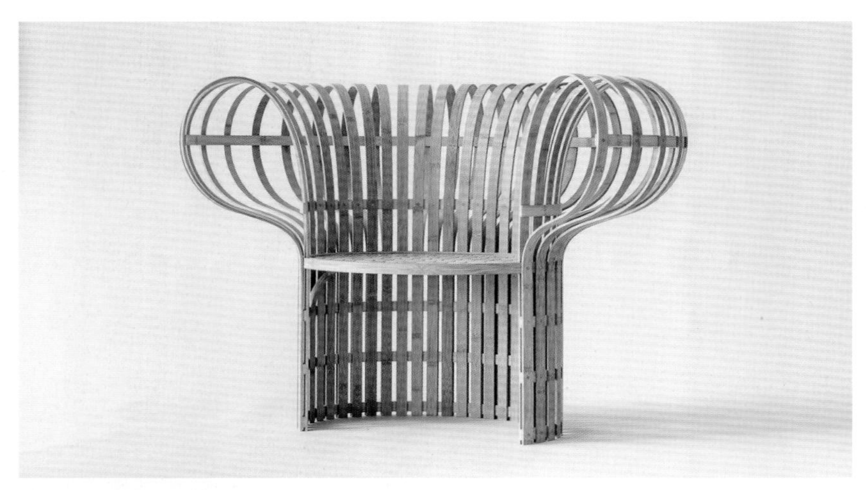
图1-41 木制品

图1-42 金属

4.装饰部位分类

根据使用部位，材料可分为外墙装饰材料、内墙装饰材料两大类（图1-43、图1-44）。内墙装饰材料又可以分为墙面装饰材料、顶面装饰材料、地面装饰材料三个种类（图1-45）。

5.装饰功能分类

根据材料的装饰功能，可分为以下几种：面层材料，如木饰面类（图1-46）、地板类、石材类、壁纸类、涂料类等；基层材料，如水泥、黄沙、轻钢龙骨（图1-47）、木工板（图1-48）、多层板、胶合板、石膏粉、滑石粉、木龙骨、钢架龙骨等。

图1-43 外墙装饰

图1-44 内墙装饰

图1-45 墙面装饰

图1-46 木饰面

图1-47 轻钢龙骨

图1-48 木工板

五、材料发展趋势

随着科技的发展，新技术、新工艺的应用，材料的生产与加工方式也有巨大的改变。具有新科技、新技术特征，更加人性化，绿色环保材料正在变革现有的装饰材料体系。

1.向更加绿色环保发展

材料设计生产更加注重绿色环保、重复使用，减量化设计、再利用、再循环的3R原则设计理念会更好地贯彻于装饰材料的设计、生产与使用环节。

2.向模块化生产发展

现有装修材料均为一次性使用、改建报废的现状，造成巨大的社会资源浪费。模块化生产将装饰材料以标准模数设计生产，施工、更新更加便捷，且可以回收重复利用，减少环境污染（图1-49）。

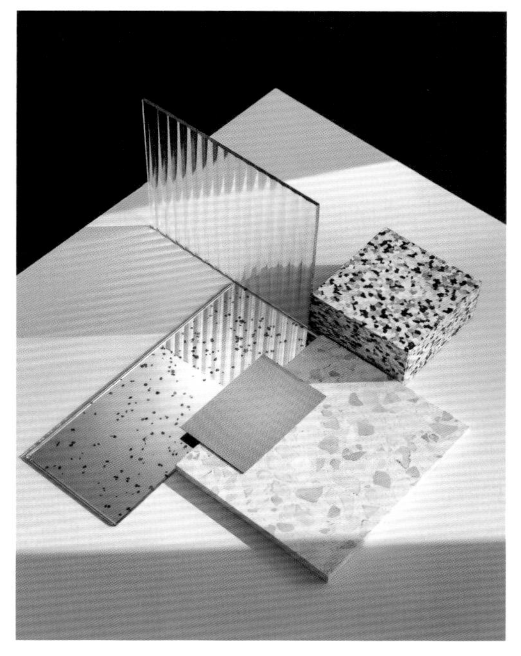

图1-49　材料模块化

3.现场制作到装配式发展

现有装修施工方式为现场制作安装，粉尘、异味对施工环境影响巨大，且施工费时费力。在新理念、新设计、新工艺的前提下，材料施工会逐步向厂家定制、现场安装的装配式发展，施工扰民情况不再出现（图1-50）。

图1-50　装配式

4.单一装饰功能向多用途发展

随着工艺的进步，赋予材料的功能更加多元化，单一的材料会逐步被多功能材料替代，设计选材不在多种材料之间来回斟酌，一种材料即可满足诸多设计需求。

5.向智能材料引领发展

智能科技给社会生产生活带来巨大变化，科技材料会颠覆现有设计理念与装饰流程，人性化、智能化的材料出现对人居生活起到更加有益的促进作用。

第二节　工有巧

一、装饰构造概述

从项目设计到交付使用，装饰施工是项目整体环节中最重要的组成部分，是设计落地实施的必要环节。装饰构造是装饰施工过程中的具体施工方式与方法，是将装饰材料按设计要求，安装固定在相应的空间界面，并确保安全牢固（图1—51）。设计项目类型和设计处理手法多变，不同材质在施工过程中会产生不同的工艺构造，同一类材质也会因不同设计处理手法有不同的工艺构造（图1—52）。在实际装饰施工过程中，同一类材料使用在空间不同界面上，如墙面、顶面，构造方式也不尽相同（图1—53）。将材料固定的工艺构造主要解决材料安装的牢固问题，相同材料、不同材料之间因材料特性、物理属性等原因，材料装饰收口构造也是工艺构造的关键环节（图1—54）。材料推陈出新，新工艺、新技术不

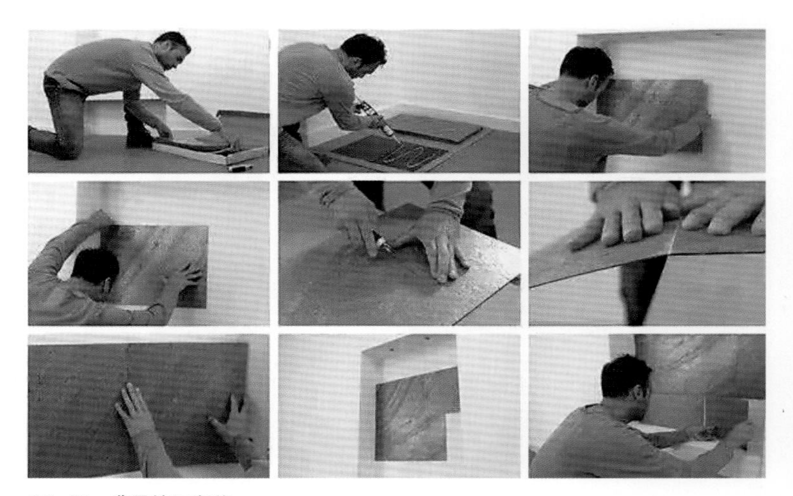

图1—51　背景墙面安装

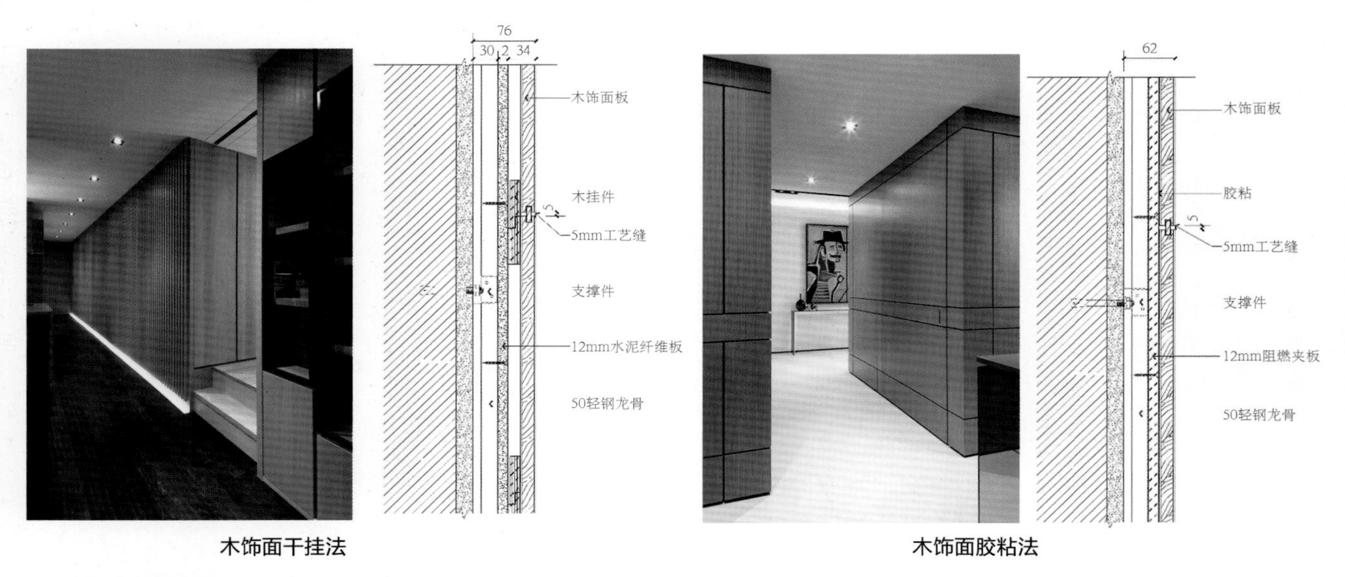

木饰面干挂法　　木饰面胶粘法

图1—52　木饰面的不同做法

图1—53　木龙骨吊顶

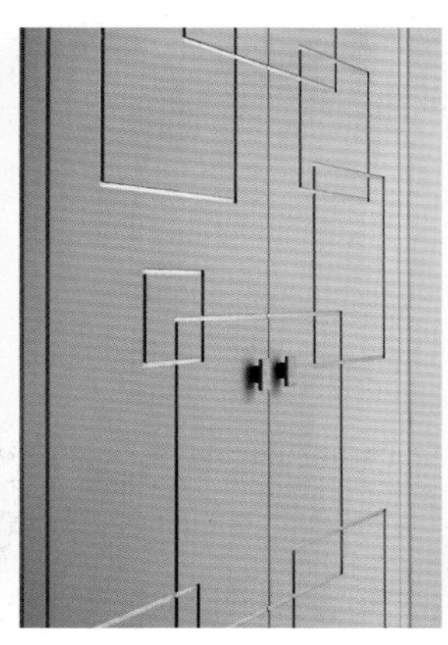

图1—54　材料收口

断出现，对装饰构造设计提出新的挑战，因此，要优化工艺构造，提升装饰效果。

二、装饰构造设计

装饰构造设计经过多年的发展，基本形成相对完善且具有行业及公司标准的工艺构造。在构造设计时，多数可参考标准构造图集进行详细施工图设计（图 1–55）。在科技信息高速发展的今天，新材料、新工艺的出现给创意加上了有形的翅膀，各类新颖创意中，传统构造已满足不了创新性设计方案的构造设计，需要对此类方案进行有针对性的构造设计（图 1–56）。

1.安全设计原则

无论针对创新性方案进行构造设计还是针对常规构造进行深化设计，安全性是第一设计要素，以保证安全为中心展开构造设计。墙面、顶面构造设计时尤为注重安全性，确保材料安装牢固，避免材料跌落出现意外事件（图 1–57）。

2.经济性原则

装饰构造设计时，不能一味追求安全性而超标准使用基层构造材料，在确保安全前提下，兼顾整体项目造价，做到结构安全与项目造价均处于合理范围。

图1–55　传统构造设计

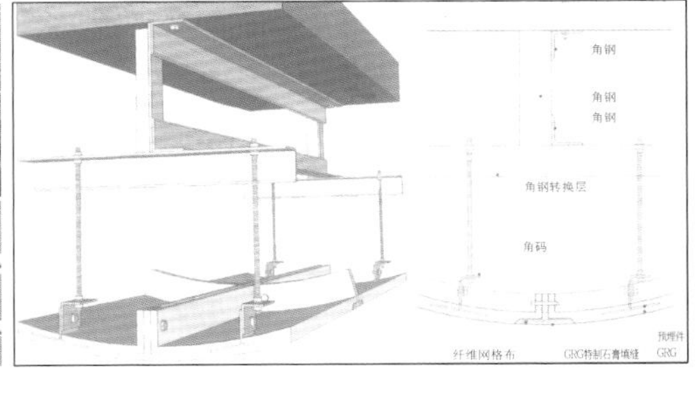

图1–56　创新型构造设计

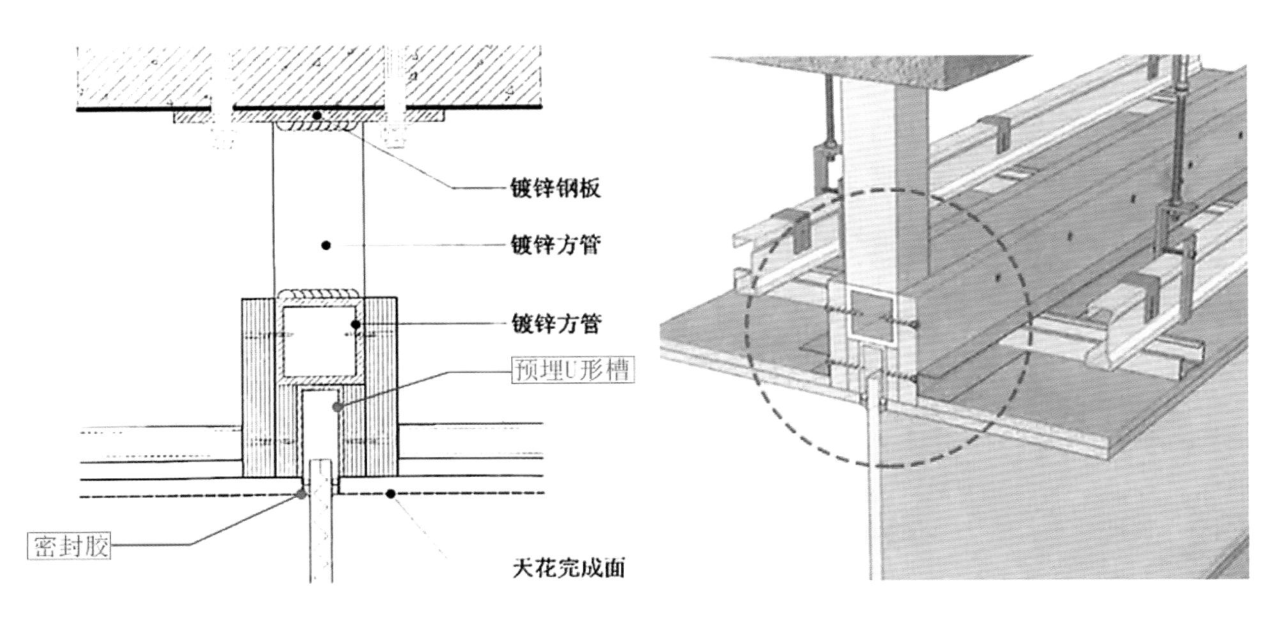

图1–57　吊顶固定图

图1-58 美观性设计

3.美观性原则

装饰构造设计，特别是面层构造设计，美观性是设计追求的最终目标。美观性设计对整个空间效果起到画龙点睛的作用（图1-58）。

三、装饰构造类型

装饰构造在整个施工环节分为基层装饰构造、面层装饰构造两大类。

1.基层装饰构造

基层装饰构造又称为基础构造、隐蔽构造，是装饰施工构造层的内部构造。基层构造的主要作用为连接面层与装饰建筑界面的构造衔接层，是结构安全、重量承载的主体构造，在整个装饰构造结构层中起到承上启下的过渡作用。

基层装饰构造结构安全性是首要考虑因素，所以在选材时，一般选用结构强度高、韧性大的基层材料。在空间墙面、顶面、地面三大界面的构造设计上也不尽相同，特别是面层材料的密度对基层构造的设计起到至关重要的决定性作用。如地面这个特殊的界面，材料的铺贴安全性相对于墙面、顶面几乎无须考虑，常规材料构造只需用水泥砂浆做基层固定即可。

2.面层装饰构造

面层装饰构造是覆盖于基层构造之上，使材料呈现出装饰效果的一种面层构造方式。在装饰项目中，面层构造直接影响面层的装饰效果，进而影响整个空间设计艺术性的塑造。面层构造不仅要考虑材料附着基层的安全性，同时要兼顾面层材料装饰性，特别是材料造型缝、不同材料之间的收口构造等。

在面层装饰构造中，常见为涂刷类面层构造、贴面类面层构造

图1-59 集成化装饰构造

图1-60　超薄石材

图1-61　水泥毯

两大类。涂刷类面层构造：此类构造是以涂刷、滚涂、喷涂等方式，将装饰材料固定在基层构造上，表现装饰效果的一种构造方式。溶剂型、液体类装饰材料，如乳胶漆、油漆、自流平等装饰材料，一般采用该类构造施工。贴面类面层构造：此类构造是以胶粘、铺贴、干挂、裱糊、金属固定件等方式，将装饰材料固定在基层结构上，表现装饰效果的一种构造方式。卷材、块状材料、板材类装饰材料，如壁纸、地毯、瓷砖、石材、木饰面等材料，一般采用该类构造方式。在装饰构造上，基层构造与面层构造是相辅相成的关系，两种构造之间并无特别明确的区分标准，在整个装饰构造中，只是两种构造承担的项目特性不同而已。基层构造以安全、牢固兼顾经济性为主，面层构造主要以美观、舒适、准确表现设计意图为主。

四、构造发展趋势

随着节约型社会构建与环保意识的进一步增强，装饰构造也在不断地发生变化。在新工艺、新技术的引领下，装饰构造设计向集成化、轻量化、专业化发展。

1.集成化发展

现有装饰构造以现场施工为主，少数为厂家定制，现场安装。在环保意识增强的当今社会，越来越多的材料与构造在厂家定制加工，现场直接安装即可，减少现场施工噪声与环境污染，成为装饰发展的趋势之一（图1-59）。

2.轻量化发展

现有装饰材料与构造材料仍采用常规工程做法，墙面地砖的水泥砂浆构造、石材等重型材料的钢架干挂层构造等，其构造层的重量接近或超过材料本身的重量。在新技术发展的条件下，新的合金材质会在硬度与强度上超越现有的构造材料，使装饰构造向更加轻量化发展（图1-60、图1-61）。

3.专业化发展

目前国内成品配套住宅设计已出现端倪，全屋定制设计也在大中型城市开始兴起，并受到越来越多的关注。国家也在新建筑建造中提出装配式的要求，未来也会影响与引领室内装饰设计。在大环境下，各类构造配件及构造设计也会向更加专业化发展。

「_ 第二章　木材」

第二章　木材

木材是人类最早使用的建筑材料之一，早在原始社会，我国黄河流域的半坡人聚落的半地穴式房屋建筑（图 2–1），长江流域河姆渡聚落的干栏式房屋建筑（图 2–2），其主体建筑型材均为木材。木材，在中国人的生活中，一直扮演着十分重要的角色。木材由于材质轻、强度高、易加工的特性，加上质地温和、可塑性强，被广泛用于人们生活中（图 2–3、图 2–4）。现阶段，我国是木材加工生产的主要国家，我国的人造板、家具、地板等木材加工已形成一个稳定的工艺系统，专业化程度不断提高。木材作为植物材料的一种，是可再生、无污染、环保的自然资源之一。木材作为一种古老的材料，拥有独特的纹理图案、特殊的木材气息、天然朴素的本质，给人以温暖、舒适、自然的心理体验。在现代室内装饰设计中，木材兼具质地坚硬、触感舒适、选择多样化的特性，是最能体现设计情感的专属材料，木材及木质品是当下最受欢迎的材料（图 2–5、图 2–6）。

木材虽是可再生资源，但由于生长周期较长，市场需求量大，所以在木材使用上，多采用木质板材进行装饰使用。现阶段，市场上存在的木材多以复合加工的板材形式出现，以满足市场需求，如木皮类产品、木饰面类产品、复合板类产品、胶合板类产品等。实木板材由于价格昂贵，一般在中高档设计项目中局部使用（图 2–7 ～图 2–10）。

木材种类繁多，本章仅对常规木材及构造进行设计讲解。

图2–1　半坡—半地穴式

图2–2　河姆渡—干栏式

图2–3　木材的使用1

图2–4　木材的使用2

图2–5　木材的使用3

图2–6　木材的使用4

图2-7　木皮

图2-8　木饰面

图2-9　复合板

图2-10　胶合板

第一节　实木板材

一、木材基本知识

木材是由树木砍伐加工而成的建筑装饰型材，可以作为木材使用的植物树木为裸子植物与被子植物中的树木两大类，每一类都包含种类丰富的树木，所以在木材大家族名单上，有诸多品种木材。名贵木材有紫檀木、花梨木、鸡翅木、酸枝木等；中档木材有柚木、橡木、胡桃木、樱桃木等；普通木材有枫木、松木、杉木、桐木等。在室内装饰项目上，木材应用范围广泛，包括家具、灯具、地面、墙面、顶面、艺术品等诸多门类（图2-11 ～图 2-20）。

1.红木系列

红木并不是具体所指的一种木材，而是一类木材约定俗成的一种称谓，是名贵的树种，其材质也是木材中最为高档的装饰木材。国家标准中，“红木”的范围确定为 5 属 8 类。5 属是以树木学的属来命名的，即紫檀属、黄檀属、柿树属、崖豆属及铁刀木属。8 类则是以木材的商品名来命名的，即紫檀木类、花梨木类、香枝木类、黑酸枝木类、红酸枝木类、乌木类、条纹乌木类和鸡翅木类。同时，红木是指这 5 属 8 类木料的芯材，芯材是指树木的中心、无生活细胞的部分。通常我们把紫檀木、花梨木、酸枝木、鸡翅木称为红木的“四小花旦”。

(1) 紫檀木：产于亚热带地区，如印度等东南亚地区。我国云南、两广等地有少量出产。木材有光泽，具有香气，久露空气后变为紫

图2-11　紫檀木

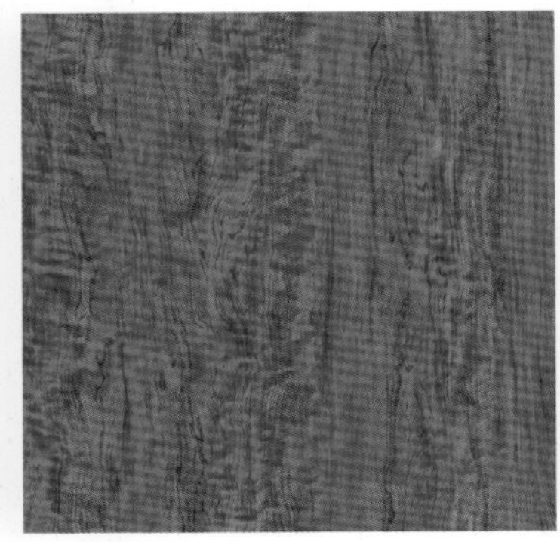
图2-12　花梨木

图2-13　鸡翅木

图2-14　酸枝木

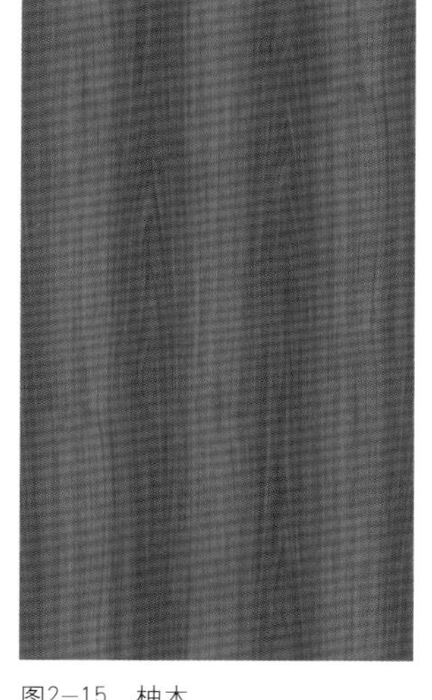
图2-15　柚木

图2-16　橡木

图2-17　胡桃木

图2-18　樱桃木

图2-19　枫木

图2-20　松木

红褐色，纹理交错，结构致密，耐腐、耐久性强，材质硬重细腻（图2-21 ~图 2-23）。

(2) 花梨木：分布于全球热带地区，主要产地为东南亚及南美、非洲。我国海南、云南及两广地区已有引种栽培。材色较均匀，由浅黄至暗红褐色，可见深色条纹，有光泽，具轻微或显著清香气，纹理交错、结构细而匀（南美、非洲略粗），耐磨、耐久性强，硬重、强度高，通常浮于水。东南亚产的花梨木以泰国最优，缅甸次之（图2-24 ~图 2-26）。

(3) 酸枝木：产于热带、亚热带地区，主要产地为东南亚国家。木材材色不均匀，芯材呈橙色、浅红褐色至黑褐色，深色条纹明显。木材有光泽，具酸味或酸香味，纹理斜而交错，密度高、含油脂，坚硬耐磨（图 2-27 ~图 2-29）。

(4) 鸡翅木：分布于全球亚热带地区，主要产地为东南亚和南美，因为有类似“鸡翅”的纹理而得名。纹理交错、不清晰，颜色突兀，无香气，生长年轮不明显（图 2-30 ~图 2-33）。红木分类见图 2-34。

2. 常见树木品种

(1) 红松，又名东北松、海松和果松，其芯材略带红色，故有红松之称。木材纹理细腻，质地轻软，加工性能好，不易变形，一般在家具、衣柜基层板材等低档装修中使用（图 2-35）。

图2-21　紫檀木1

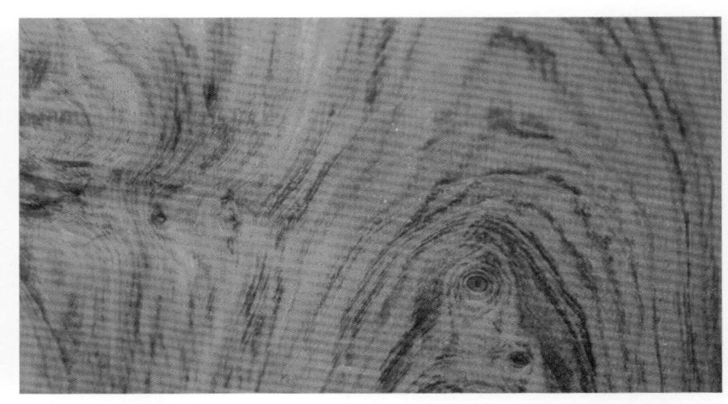
图2-22　紫檀木2

图2-23　紫檀木3

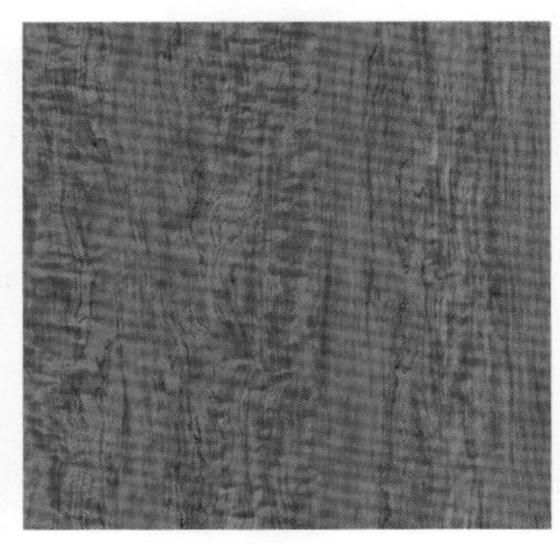
图2-24　花梨木1

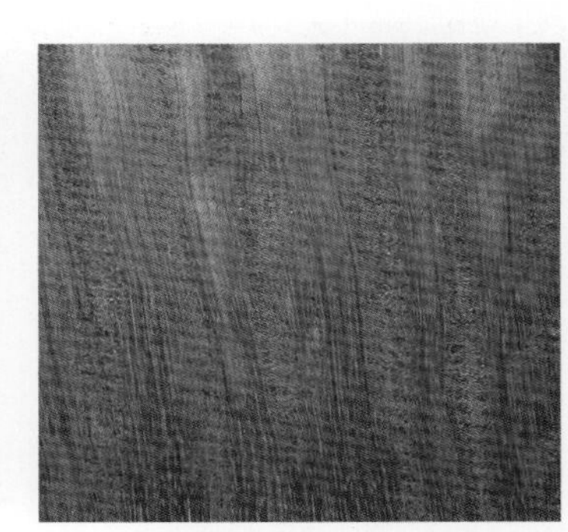
图2-25　花梨木2

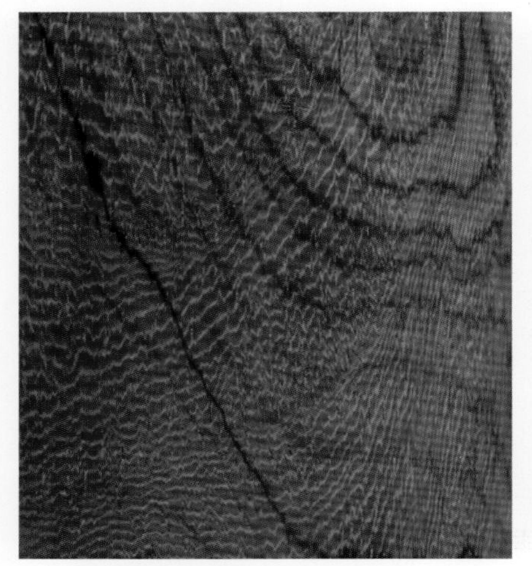
图2-26　花梨木3

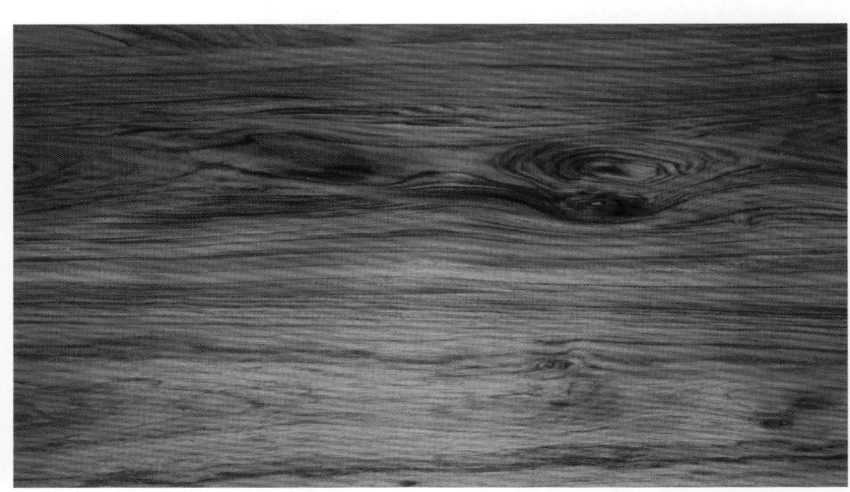
图2-27　酸枝木

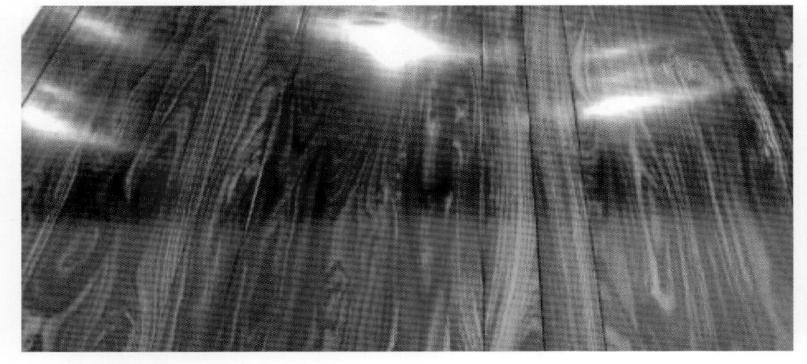
图2-28　黑酸枝木

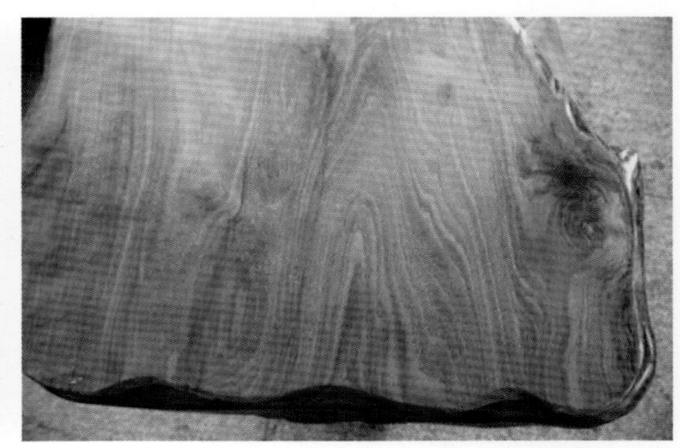
图2-29　白酸枝木

图2–30 黑鸡翅木

图2–31 白鸡翅木

图2–32 非洲鸡翅木

图2–33 缅甸鸡翅木

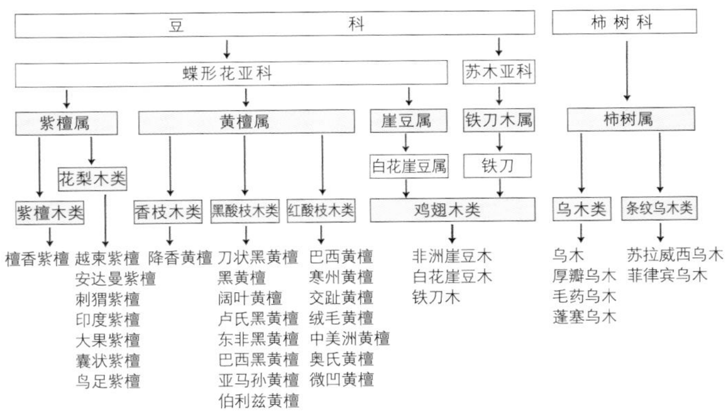

图2–34 红木分类

(2) 杉木，生长周期短，木质纹理通直，结构均匀，易加工，也是常用在衣柜等家具基层等部分，属于低档装饰木材（图2–36）。

(3) 柳桉，又名红柳桉。多产于菲律宾，硬度中等，易加工。干燥后容易变形，多用于多层板、胶合板等板材，因质地较硬，多作基层固定使用（图 2–37）。

(4) 枫木，分布广，全世界有 150 多个品种，最著名的是加拿大枫木。木材呈灰褐色或灰红色，纹理交错而均匀，较美观（图2–38）。

(5) 榉木，材质坚硬，结实耐磨，纹理直、结构细腻，干燥打磨后有光泽度。木材芯材为红褐色，年轮明显，常用在中档家具及装修制作上（图 2–39）。

(6) 水曲柳，年轮明显但不均匀，木质结构粗糙，纹理直，硬度大。木材有较好的弹性及韧性，耐磨、耐湿，装饰上多对此类木材打磨，以除纹理凹槽，增强触感，达到最佳装饰效果（图2–40）。

(7) 橡木，分红橡、白橡两类。芯材呈黄褐色至红褐色，具有明显的山形木纹，表面有良好的触感。橡木纹理与水曲柳基本一致，用于室内装修时多对表面打磨，以除纹理凹槽，增加装饰效果（图 2–41）。

(8) 樱桃木，主要产自北美，芯材呈深红色至淡红色，纹理直，结构细腻，装饰效果佳。干燥后，不易变形，抛光性好，多用于中高档装饰项目（图 2–42）。

(9) 柚木，主要品种为泰国的泰柚和美洲的美柚两种，以泰柚为上乘。泰柚呈暗褐色，质地硬、纹理清晰。美柚呈黄褐色，纹理通直。我国广东、台湾、云南等地所产柚木的芯材为淡褐色至深褐色，装饰效果相对以上两种较弱（图 2–43）。

(10) 楠木，较为贵重的木材，常见比较著名的为香楠、金丝楠、水楠。芯材多为黄褐色略带浅绿色，年轮明显，质地坚

图2-35 红松

图2-36 杉木

图2-37 柳桉

图2-38 枫木

图2-39 榉木

图2-40 水曲柳

图2-41 橡木

图2-42 樱桃木

图2-43 柚木

图2-44 金丝楠

图2-45 香楠

硬，加工后表面光滑，耐久性强。其中金丝楠木为最上乘，名品金丝楠木纹理能结成天然山水的人物花纹，非常精美（图2–44、图2–45）。

二、木材分类

现有木材种类繁多，根据植物和材质属性，木材主要分类方法如下。

1.按质地分类

木材按质地坚硬分为硬木木材和软木木材两类（图2–46、图2–47）。硬木质地坚实但生长缓慢，木质结构细密紧致，一般这样的木头都很沉。这些木材坚硬细密，色泽华丽，花纹优美，是做家具的上乘材料，由于硬木比较稀少，通常价格较高。软木由许多辐射排列的扁平细胞组成，细胞腔内往往含有树脂和单宁化合物，细胞内充满空气，因而软木常有颜色，质地轻软，富有弹性，不透水，不易受化学品的影响，而且是电、热和声的不良导体。

软木和硬木最大的区别体现在两种木材的内部结构之中，一般软木是由许多扁平的细胞组合而成，而这种细胞内部充满空气以不断生长的软木呈现出非常柔软的状态，也正是这一点才让木材有漂亮的颜色填充着内部；硬木相对于软木来说，它的木质非常坚硬紧密，并且随着时间的流逝，树木的增长，这种树木会留下优美的花纹年轮。

2.按树种分类

根据树种划分，树木可以分为针叶树和阔叶树两类。

（1）针叶树。树干笔直坚挺，为常绿树，材质一般较软，有的含树脂。针叶树木材纹理粗犷、清晰，材质均匀，干燥后不易变形，但质地较软，所以针叶木材一般作为基层板使用。如常见杉木指接板、松木指接板等板材用于柜体基层板制作，木方用于骨架龙骨安装制作等。常见树木有红松、水杉等（图

图2–46　硬木木材

图2–47　软木木材

图2–48　南洋杉

图2–49　金钱松

图2–50　红松

图2–51　冷杉

2–48 ~图 2–51）。

（2）阔叶树。主干通直部分较短，材质质地硬，密度大，强度高，加工相对于针叶木较难，属于硬质木材。大多数阔叶木材纹理直，结构自然美观，色彩较丰富，加工后表面平滑有光泽。在装饰设计上主要作为饰面板材及各类装饰线材使用，用于体现设计装饰效果，也是家具最主要的选材种类。常见树木有红木类、柚木、樱桃木、橡木、楠木、水曲柳等木材（图 2–52 ~图 2–57）。

三、木材构造特征

树木由树根、树干、树皮、枝、叶组成，每一部分都可作为设计材料使用。装饰设计建材主要采用树干部分（也是树木最主要的取材部分）。树木的主干部分、构造图如图 2–58 所示。木质组织外围部分为边材，特征是孔隙率较高，可塑性强，可以适合作为弯曲材料使用。靠近树芯的木质部分为芯材，芯材结构密实、强度高、不易变形。

木材裁切，在不同位置呈现的视觉特征和力学特征不尽相同，横切面、径切面、弦切面是木材切面的三个具有代表性的切面。

1. 横切面。横切面是与树干呈垂直方向的切面，是识别木材重要的切面。横切面呈现出树木的年轮特征，木材的横切面硬度大，耐磨损，但是难刨削，易折断，表面不易加工成光泽饰面。

2. 径切面。沿树木纤维结构方向，通过髓心并与年轮垂直锯开的剖面。在径切面上，年轮呈条纹状，相互平行。径切面板材收缩率小，木纹挺直，不易变形，是装饰建材最常用的实木板材。

3. 弦切面。沿树木纤维结构方向，不通过髓心切开的剖面。弦切面纹理呈“V”形花纹，纹理美观但木材容易变形。

树木因在自然条件下生长，有诸多其他材料不可比拟的优势。第一，木材质地相对轻盈，容易加工成各类设计造型，且纹理美观，表面附着力强，容易着色装饰。第二，木材对空气水分敏感，木材的空隙可以吸收或释放水分，对空间湿度有调节作用。第三，具有天然的纹理，通过设计拼装，可呈现出更加美观的装饰效果。第四，木材本身有一定的木香，内含油脂，表面抛光后给人古朴、典雅、

图2–52　樱桃木

图2–53　柚木

图2–54　橡木

图2–55　楠木

图2–56　水曲柳

图2–57　红木

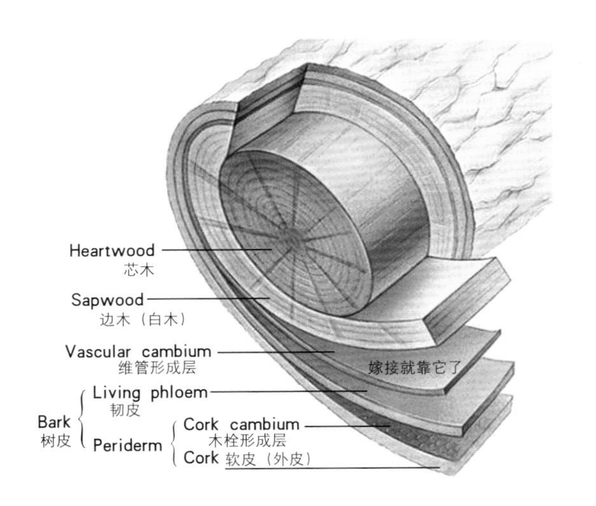

图2-58 木质构造图

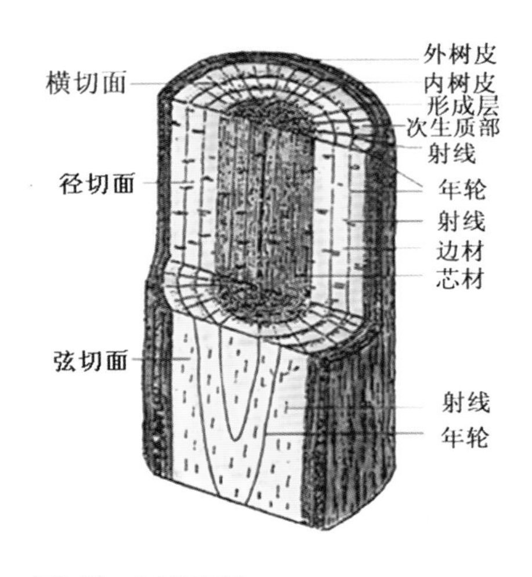

图2-59 木材切面图

温暖、舒适的质感体验（图 2-59 ～图 2-62）。

四、木材工艺构造

1.榫卯结构构造工艺

榫卯是极为精巧的发明，这种构件连接方式，使得中国传统的木结构成为超越当代建筑排架、框架或者钢架的特殊柔性结构体。榫卯是在两个木构件上采用的一种凹凸结合的连接方式。凸出部分叫榫（或榫头）；凹进部分叫卯（或榫眼、榫槽），榫和卯咬合，起到连接作用。这是中国古代建筑、家具及其他木制器械的主要结构方式。榫卯结构是榫和卯的结合，是木件之间多与少、高与低、长与短之间的巧妙组合，可有效地限制木件向各个方向的扭动（图 2-63、图 2-64）。

最基本的榫卯结构由两个构件组成，其中一个榫头插入另一个卯眼中，使两个构件连接并固定。榫头伸入卯眼的部分被称作榫舌，其余部分则称作榫肩。榫卯结构按构合作用归类，大致可分为三大类型。

（1）面与面

一类主要是作面与面的结合，也可以是两条边的拼合，还可以是面与边的交接构合。如“槽口榫”“企口榫”“燕尾榫”“穿带榫”“扎榫”等（图 2-65、图 2-66）。

（2）点结构

另一类是作为“点”的结构方法。主要用作横竖材丁字结合、成角结合、交叉结合，以及直材和弧形材的伸延结合。如“格肩榫”“双榫”“双夹榫”“勾挂榫”“锲钉榫”“半

图2-60 横切面

图2-61 径切面

图2-62　弦切面

图2-63　榫卯结构1

图2-64　榫卯结构2

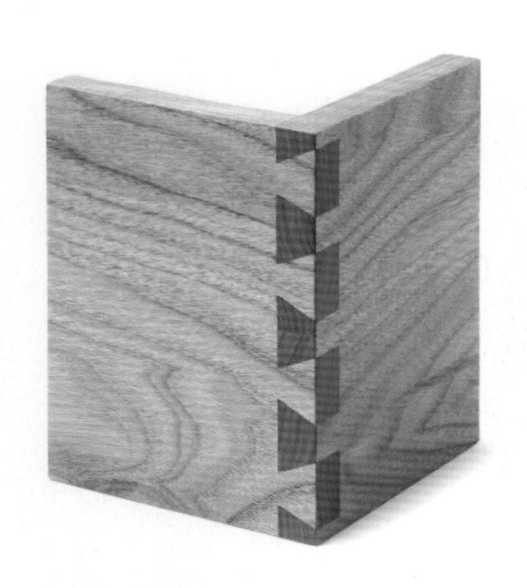
图2-65　燕尾榫

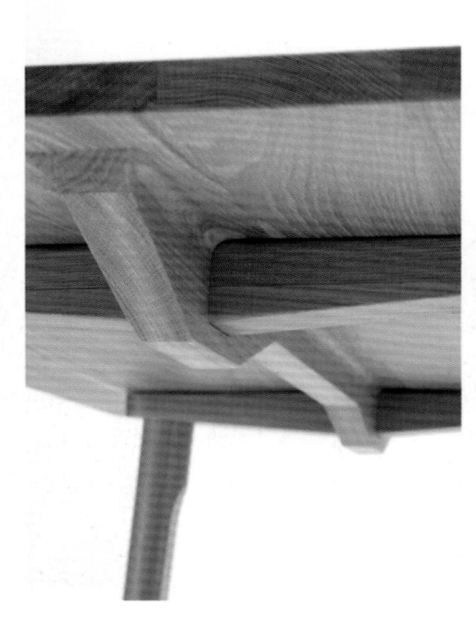
图2-66　穿带榫

图2-67　通榫

榫”“通榫”等（图 2-67、图 2-68）。

（3）构件组合

还有一类是将三个构件组合在一起并相互联结的构造方法，这种方法除运用以上一些榫卯联合结构外，都是一些更为复杂和特殊的做法。如常见的有“托角榫”“长短榫”“抱肩榫”“粽角榫”等（图 2-69、图 2-70）。

2.成品金属扣件构造工艺

与榫卯构件相比，成品金属扣件构造简单许多。基于追求高效、简便的施工方式，木材的构造选配金属扣件作为主要的构造方式越来越多地出现。工业化生产条件下，能最大限度地降低构造成本，同时在新技术加持下，金属扣件的装饰效果和木材之间的材质对比具有非常出彩的装饰效果（图 2-71、图 2-72）。

室内装饰工程，实木材料一般用于家具、木门、柜门等重要部分制作使用，安装基本采用以上两类构造方式。其他界面用的木材一般是以木质复合板板材形式出现。

图2-68　半榫

图2-69　抱肩榫

图2-70　粽角榫

图2-71　金属扣件1

图2-72　金属扣件2

第二节　木质饰面板材

一、木饰面板

饰面板(wood veneer)，全称为装饰单板贴面胶合板，它是将天然木材或科技木刨切成一定厚度的薄片，黏附于胶合板表面，然后热压而成的一种用于室内装修或家具制造的表面材料（图2-73、图2-74）。

科技木小知识：

以普通木材为原料，利用仿生学原理，经过一系列的图案、染色设计，进行各种改性生产的一种性能更加优越的全新材质，是一种新型装饰材料，称为科技木。处理之后的科技木皮表面光滑，色彩甚为丰富，解决了天然木材变色、虫孔等不可避免的瑕疵等问题，可以很好地满足不同空间的设计需求。

常见的饰面板分为天然木质单板饰面板和人造薄木饰面板。人造薄木贴面与天然木质单板贴面的外观区别在于前者的纹理基本为通直纹理或图案有规则（图 2–75）；而后者为天然木质花纹，纹理图案自然，变异性比较大、无规则。其特点为既具有木材的优美花纹，又充分利用木材资源，降低成本（图 2–76）。

按照木材的种类来区分，市场上的饰面板大致有柚木饰面板、酸枝木饰面板、胡桃木饰面板、橡木饰面板、枫木饰面板、水曲柳饰面板、榉木饰面板等（图 2–77 ~图 2–80）。

按照环保等级划分，可分为 E0 级、E1 级、E2 级木饰面板，E0 级为最高环保级别，有害物质释放量最少，使用最为安全。

木饰面板作为一种环保装饰材料目前被广泛应用在家具、木门、

图2–73 饰面板1

图2–74 饰面板2

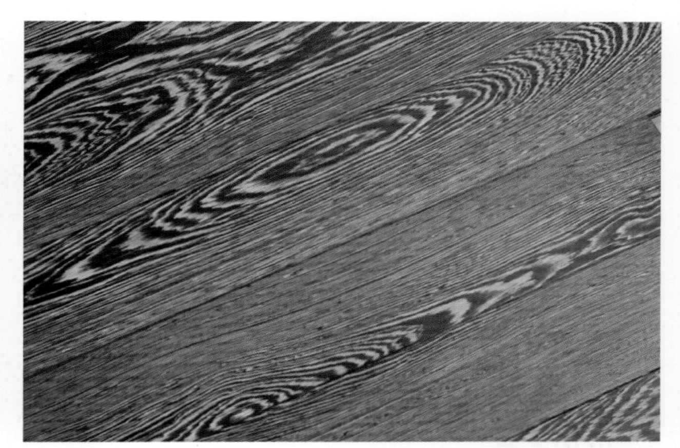

图2–75 人造薄木饰面板

图2–76 天然木质单板饰面板

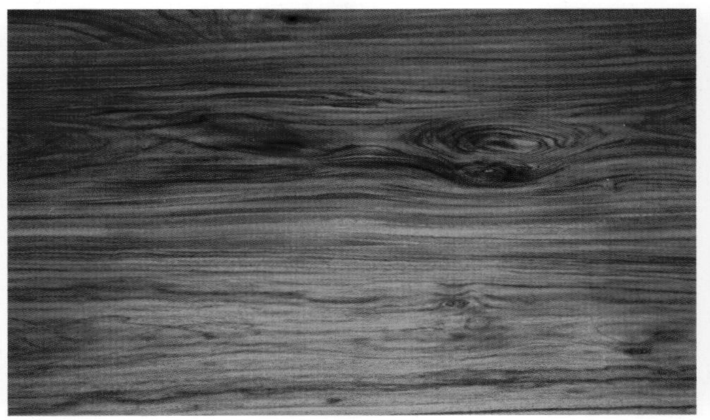

图2–77 酸枝木饰面

图2–78 胡桃木饰面

图2–79 枫木饰面

图2–80 水曲柳饰面

星级酒店、高档会所等。由于木饰面板由天然木皮压制而成，饰面板品种丰富，面板色彩和纹理变化多样，赋予大自然应有的天然本色，故而深受广大用户欢迎。在装饰材料市场选择性越来越多的今天，装修材料百花齐放，而天然木饰面板独有的特性和自然的纹理，给了爱好古典原木情怀的人们更多的选择。木饰面板根据颜色和纹理不同可以应用在家装、酒店大堂、办公大楼前台等（图 2–81、图 2–82）。

二、装饰木皮

木皮，又称薄木，是应用于家具与墙面等产品的贴面装饰。木皮与木饰面胶合板不同，木皮材料以薄片卷材为主。各种名贵木材因价格昂贵、资源稀缺等因素，很难满足对材料的需求，所以将名贵木材经过水煮软化后，用精密设备刨切或旋切成微薄木片，再经过整合处理成木片卷材进行装饰使用。常规的木皮厚度为 0.2mm ~ 0.5mm，超过 0.5mm 木皮为厚木皮。经过科技加工后的木皮，保留了原来木材的纹理效果，同时又大幅度降低用材成本，是一种具有珍贵树种特色的木质片状薄型饰面或贴面材料（图 2–83、图 2–84）。

木皮根据原材料特性一般又分为天然木皮、人工木皮两种。

1. 天然木皮

天然木皮是以原木为基本材料，通过精密设备刨切或旋切成微薄木片，天然木材没有经过人工修饰而呈现出木头的天然纹理和色彩。采用天然原木材直接生产木皮，具有特殊而无规律的天然纹理，能触发回归自然的原始心动和美的感受（图 2–85、图 2–86）。

2. 人工木皮

人工木皮，是以普通树木为原材料，通过特殊加工而成的科技木，经过电脑设计花纹、调色，仿制名贵木材的一种木皮。与天然木皮相比，对木材缺陷的改造，克服了天然木材的变色、虫孔等不可避免的瑕疵，从而更好地保证和优化了科技木与天然木的结合（图 2–87、图 2–88）。

现在木皮作为最具装饰性的一种木制品

图2–81　木饰面板应用1

图2–82　木饰面板应用2

图2–83　装饰木皮1

图2–84　装饰木皮2

图2–85　天然木皮1

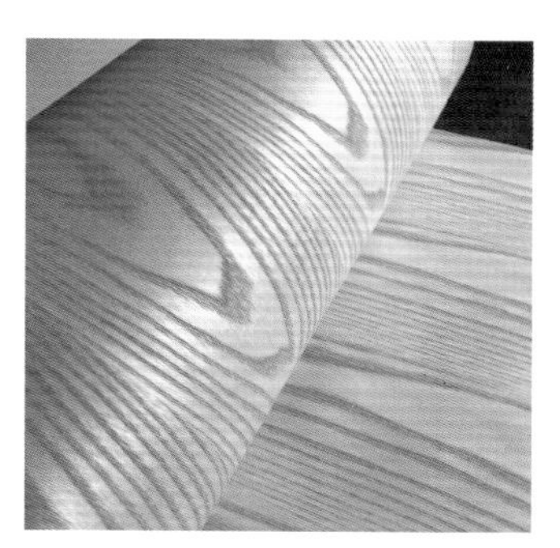

图2–86　天然木皮2

图2-87　人工木皮1

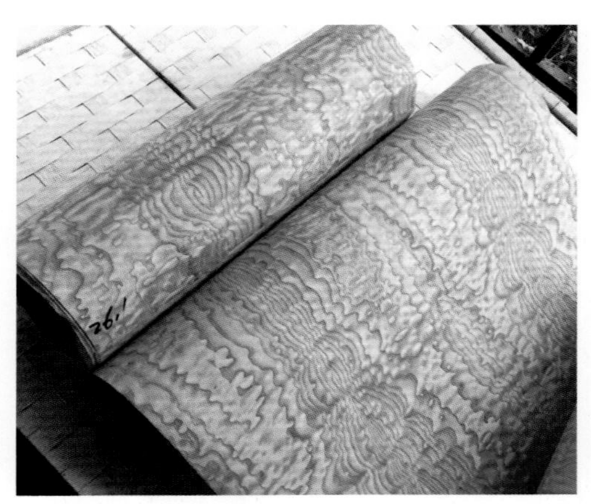

图2-88　人工木皮2

已经被应用于很多产品，这些产品不仅具备美观的外表，而且合理利用了材料木皮的应用，大大解放了木材的材料限制，在有效保护资源的前提下，可制造出高品质的木材贴面材料。

三、软木板

软木板，俗称软木，它不是木材，是橡树的树皮，橡树是世界上现存最古老的树种之一，距今约有6000万年的历史。软木板是美国绿色建筑协会（LEED）认证的十大绿色建筑产品之一，也是国际森林管理委员会（FSC）认证的保护大自然生态平衡、可持续发展的材料之一，更是世界上唯一一种纯天然的隔热节能阻火材料。

软木板（ICB）的原材料只有一种，是栓皮栎树皮粉碎后的颗粒（简称软木颗粒），通过设备高温熏蒸，使软木颗粒膨胀释放天然的树脂黏合形成软木砖，再通过打磨切割，制成软木板，材料呈淡土黄色。广泛应用在软木墙板、软木地板、建筑用绝缘软木和软木砖等。

1.产品工艺及分类

（1）天然软木制品：经蒸煮、软化、干燥后，直接切割、冲压、旋削等制成成品，如塞、垫、工艺品等。

（2）胶结软木制品：软木细粒和粉末、胶黏剂（如树脂、橡胶）混合后压制而成，如地板贴面、隔音板、隔热板等。

（3）烘焙软木制品：天然软木制品的剩料经粉碎再压缩成型，在260℃～316℃的烘炉里烤1h～1.5h，放冷后即制成保温隔热的软木砖，另外也可用过热蒸汽加热方法制造。

2.软木板优点

（1）隔声：软木是一种多孔性材料，有吸声的作用，所以具有隔声的性能。

（2）耐腐朽、耐化学侵蚀：除会被浓硝酸、浓硫酸、氯、碘等腐蚀以外，对水、油脂、汽油、有机酸、盐类、酯类等都不起化学作用。

（3）防滑：地板表面有无数个被切开的木栓细胞，当脚踩下去时，木栓细胞就变成一个个真空小吸盘，因此当脚与地面接触时，脚板就会被吸在地板上，起到防滑的作用。

（4）保温：内部孔隙多，热传递慢，有非常出色的保温效果。

（5）防虫：无论在潮湿的地中海还是干燥的非洲大陆，还没有虫蛀软木地板的记录。

四、其他木质饰面板

1.木质微孔吸音板

吸音板是指板状的具有吸音减噪作用的材料，木质吸音板是根据声学原理精致加工而成具有吸音功能的装饰板材。由饰面、芯材和吸音薄毡组成，饰面有木皮、三聚氰胺涂饰层或者喷漆三种材质或处理方法；芯材为高密度纤维板基层；吸音薄毡颜色为黑色，粘贴在吸声板背面，具防火吸声性能。

木质吸音板分槽木吸音板和孔木吸音板两种：槽木吸音板是一种在密度板的正面开槽、背面穿孔的狭缝共振吸声材料；孔木吸音板是一种在密度板的正面、背面都开圆孔的结构吸声材料。两种吸音板常用于墙面和天花装饰（图 2-89～图 2-91）。

板材规格为 1220mm×2440mm，厚度为 18mm ～ 25mm。

2.木丝吸音板

木丝吸音板是将木料刨成细长木丝，经化学浸渍稳定处理后，木丝表面浸有水泥浆再加压而成。木丝板是纤维吸声材料中的一种有开孔结构的硬质板，木丝板强度和刚度较高，具有吸声、隔热、防潮、防火、防长菌、防虫害和防结露等特点。

木丝吸音板的表面纹理表现出高雅质感与独特品位，可充分演绎设计师的创意和理念。外观独特、吸音良好，独有的表面丝状纹理给人一种原始粗犷的感觉，满足了现代人回归自然的理念。表面可做饰面喷色和喷绘处理，具有吸音、抗冲击、防火、防潮、防霉等多种功能，可广泛应用于体育场馆、剧场、影院、会议室、教堂、工厂、学校、图书馆、游泳馆等处（图 2-92、图 2-93）。

板材常规尺寸宽度为 600mm ～ 1200mm，长度为 1200mm ～ 3600mm，厚度为 10mm ～ 20mm。

3.三聚氰胺板

三聚氰胺板是将带有不同颜色或纹理的纸放入三聚氰胺树脂胶黏剂中浸泡，然后干燥到一定固化程度，将其铺装在刨花板、防潮板、中密度纤维板、胶合板、细木工板、多层板或其他硬质纤维板表面，经热压而成的装饰板。在生产过程中，一般是由数层纸张组合而成。

按照内部纤维形态可分为三聚氰胺颗粒板和三聚氰胺密度板两种：三聚氰胺颗粒板

图2-89 木质吸音板1

图2-90 木质吸音板2

图2-91 木质吸音板3

图2-92 木丝吸音板1

图2-93 木丝吸音板2

的基材是将木料打成颗粒和木屑，经定向排列、热压、胶干形成；三聚氰胺密度板的基材是将木料打成锯末，经定向排列、热压、胶干形成。两者的区别在于：颗粒板强度大、吸钉能力强，密度板相对弱些，常用于室内建筑及各种家具、橱柜的装饰，一些面板、墙面、柜面、柜层板等（图2–94、图2–95）。

三聚氰胺装饰板的性能：

（1）可以任意仿制各种图案，色泽鲜明，用作各种人造板和木材的贴面。

（2）因为板材双面膨胀系数相同而不易变形，表面平整。

（3）硬度大，耐磨，耐热性好，价格经济实惠。

板材一般规格为1220mm×2440mm，厚度为18mm～25mm。

4.防火饰面板

防火板又名耐火板，学名为热固性树脂浸渍纸高压层积板，英文缩写为HPL（High–pressure Laminate），是表面装饰用耐火建材，有丰富的表面色彩、纹理以及特殊的物理性能。表面装饰用耐火建材，防火板是原纸（钛粉纸、牛皮纸）经过三聚氰胺与酚醛树脂的浸渍工艺，经过高温高压制成。

防火板颜色比较鲜艳，封边形式多样，耐磨、耐高温、耐剐、抗渗透、容易清洁、防潮、不褪色、触感细腻。防火板广泛用于室内装饰、家具、橱柜、隔断等处。

防火板是在木质基材上压贴防火贴面制作而成的板材，一般规格宽、长为1220mm×2440mm，常规厚度为5mm～20mm。

五、木质饰面板材工艺构造

1.木质饰面板材工艺构造

木皮常规厚度仅有0.2mm～0.5mm，是薄片材料，对工艺构造要求高，一般均是在厂家定制成品，现场安装。成品后的木皮板材，类似木饰面板，在施工工艺构造使用上基本一致。

木饰面板基层按安装材料主要分为金属龙骨基层、木龙骨基层两类。施工时先做好施工环境、基层处理、尺寸复核等前期准备工作。木饰面工艺构造、墙面做法与顶面做法基本相同（图2–96～图2–98）。

金属龙骨基层：耐用性好，使用范围广，对空间要求低，特别是环境湿度大的空间应优先考虑金属龙骨基层。

木龙骨基层：施工方面，造型可塑性高，造价比金属龙骨略低，施工工艺简单，环境湿度较大的空间除做必要的防火处理外，需增加防腐处理，以满足工程质量需求。

木质饰面安装方法一般采用粘贴法或干挂法。

采用粘贴法施工，饰面为常规3mm厚木饰面板，施工前须在

图2–94　三聚氰胺板1

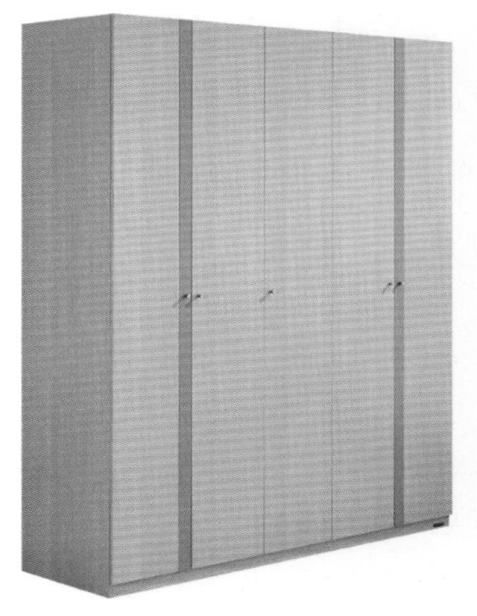

图2–95　三聚氰胺板2

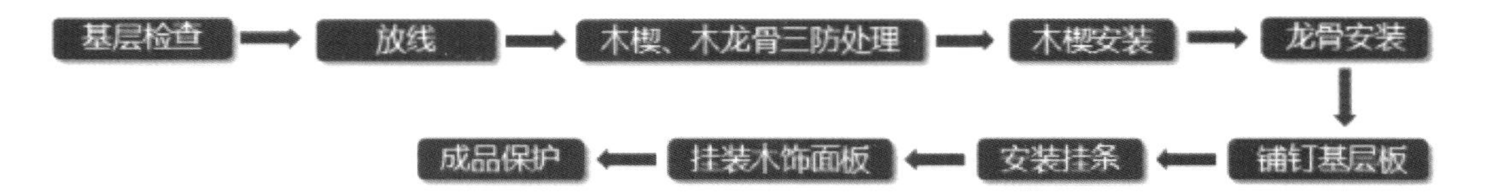

图2-96 木饰面施工工艺流程图

图2-97 木龙骨

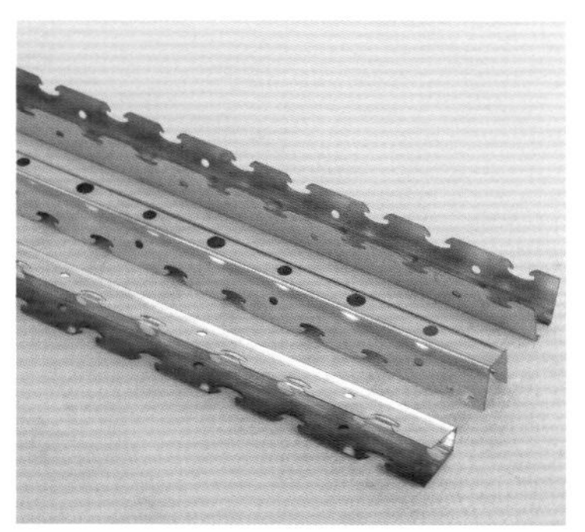

图2-98 卡式金属龙骨

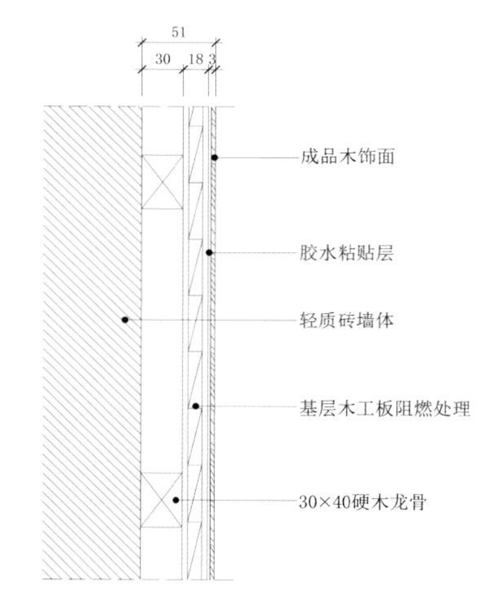

图2-99 木饰面粘贴法工艺构造图（纵剖）

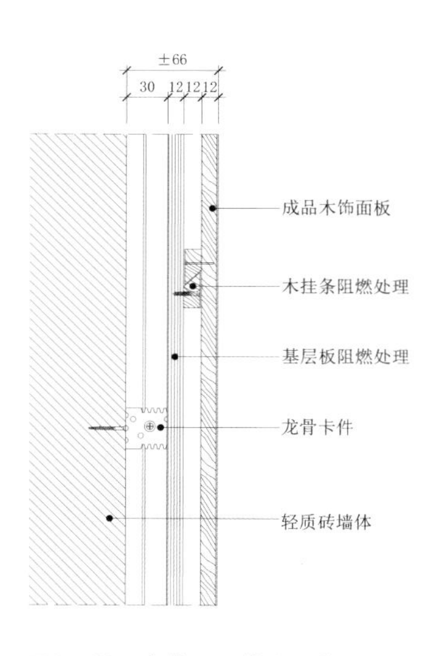

图2-100 木饰面干挂法工艺构造图（纵剖）

龙骨上做一层基层板，饰面背板涂刷免钉胶或白乳胶，再将木饰面粘在基层板上。如饰面板面积较大，需用蚊钉加固，且对钉眼进行装饰修补，以达到饰面美观效果（图2-99）。

采用干挂法施工，木质饰面需将基层板与面层饰面板在厂家定制成一体，现场直接安装在龙骨上即可。安装时需要对板面进行水平、垂直的调整，是相对成熟且适应性广泛的安装方式（图2-100）。

粘贴法与干挂法在工艺构造上均能满足装饰需求，两者工艺构造对比各有优势。粘贴法操作简单，施工成本低，但对基层要求较高；干挂法适应范围广，施工可调节，对基层要求比粘贴法低，施工速度快，施工成本略高，是大型装饰项目首选施工方式。

2.软木板工艺构造

（1）软木墙、顶面工艺构造

软木墙、顶面施工，采用粘贴式施工方法，工艺构造做法同木饰面。

（2）软木地面工艺构造

①粘贴法：软木地板也叫纯软木地板，是薄薄的一层软木片，厚度为3mm～4mm。铺这种软木地板时，地面先以水泥自流平进行找平，后在水泥上涂抹胶水，把软木地板贴上去即完成，粘贴时完全不留缝。

②锁扣式安装法：软木地板两层软木之间夹一层高密度板，可以理解为软木款的强化复合地板。锁扣式的软木地板安装方便，和普通的木地板是完全一样的。

安装注意事项：

①地面铺贴需先找平，干燥后方可施工，施工界面清洁，不得堆砌杂物，严禁交叉施工。

②墙顶面需做木质基础，做防火防腐处理后方可粘贴。

3.其他木质饰面板工艺构造

木质微孔吸音板与木丝吸音板在空间使用上，主要起到吸声作用，工艺构造也是以吸声为前提。此两种板材在工艺构造上，都需在基层做龙骨骨架，预留吸声空腔层，龙骨与木饰面板基层一致，均可采用金属龙骨或木龙骨，根据设计需求预留空腔层宽度，表面覆盖木质吸音板，用枪钉固定即可。

三聚氰胺板、防火板可作为装饰面板用在墙面装饰，也可作为家具、厨卫柜体板做装饰板材使用。作为墙面装饰的防火板，一般用 5mm、8mm 厚板材，采用粘贴法施工，工艺同木饰面板。

第三节　木质基层板材

一、细木工板

细木工板俗称大芯板，是指在胶合板生产基础上，以木板条拼接或空心板作芯板，两面覆盖两层或多层胶合板，经胶压制成的一种特殊胶合板。细木工板握钉力好，强度高，具有质坚、吸声、绝热等特点，而且含水率不高，在 10% ~ 13%，加工简便，用途最为广泛。细木工板厚度常见有 15mm、18mm 两种，长宽尺寸为 1220mm × 2440mm。

细木工板的加工工艺分为机拼与手拼两种。手工拼制是用人工将木条镶入夹板中，木条受到的挤压力较小，拼接不均匀，缝隙大，握钉力差，不能锯切加工，只适宜做部分装修的子项目，如做实木地板的垫层毛板等。而机拼的板材受到的挤压力较大，缝隙极小，拼接平整，承重力均匀，可长期使用，结构紧凑，不易变形（图 2–101）。

细木工板芯板的材种有许多种，如杨木、桦木、松木、泡桐等，其中以杨木、桦木为最好，质地密实，木质不软不硬，握钉力强，不易变形；泡桐的质地很轻，较软，吸收水分大，握钉力差，不易烘干，制成的板材在使用过程中，当水分蒸发后，板材易干裂变形；而松木质地坚硬，不易压制，拼接结构不好，握钉力差，变形系数大。

细木工板生产过程中，一般会使用甲醛基胶黏剂，因此其成品会或多或少地释放游离甲醛，根据细木工板甲醛等有害物质释放量国家标准（GB/T5849—2006），细木工板分为 E0、E1、E2 级三个等级。其中 E0 等级的细木工板环保等级最高，但是技术要求也很高，价格也相对高很多。价格和环保程度比较中庸的要属 E1 等级的细木工板，这种板材在目前是比较主流的产品。E2 等级的细木工板，甲醛释放量远高于 E0、E1 级别，需进行表面处理后方可用于室内装修。一般用于模板、室外装修。

二、指接板

指接板木板之间采用锯齿状接口，由多块木板拼接而成，上下不再粘压夹板，因类似手指交叉对接，故称指接板。指接板与细木工板的用途基本一致，除可做基层板外，还可以做饰面板使用，这点是细木工板不能比拟的。指接板分有节与无节两种，有节的存在疤眼，无节的不存在疤眼，较为美观。一般常用在柜体板制作或田园风格装修上，风格比较质朴、自然。指接板常见厚度有 12mm、18mm，最厚可达 36mm（图 2–102、图 2–103）。

指接板上下无须粘贴夹板，用胶量大大减少。指接板用的胶一般是乳白胶，即聚醋酸乙烯酯的水溶液，是用水做溶剂，无毒无味，较木工板更为环保的一种板材，在追求环保的大前提下，越来越多的人开始选用指接板来替代细木工板。

指接板常见木材有杉木、松木、桐木、橡胶木、香樟木。桐木指接板因硬度不高、材质偏软，主要用在家具背板、底板等非构造面，以降低造价。杉木、松木指接板为市场上常见指接板，价格居中，质量较好，是大众级消费产品，主要用于柜体板制作等。橡胶木指接板相对前两种，材质较为优良，木纹更加美观，属于中高端消费产品，常用于柜门板、家具制作等。香樟木特殊的香气，驱虫防霉，防止衣服被腐蚀，是衣柜、箱体制作的最佳材料。香樟木木质细密，有天然的美丽纹理，质地绵软，不易折断，也不易产生裂纹，所以香樟木指接板价格较高。

除以上常见木材，还有竹木指接板、橡木指接板、楠木指接板等，除价格之外，装修使用范围及工艺构造基本一致，本文不再一一详述。整体来看，指接板属于实木板材，表面有天然纹理，给人回归自然的感觉，是广受好评的建筑板材。在环保上，与细木工板分级

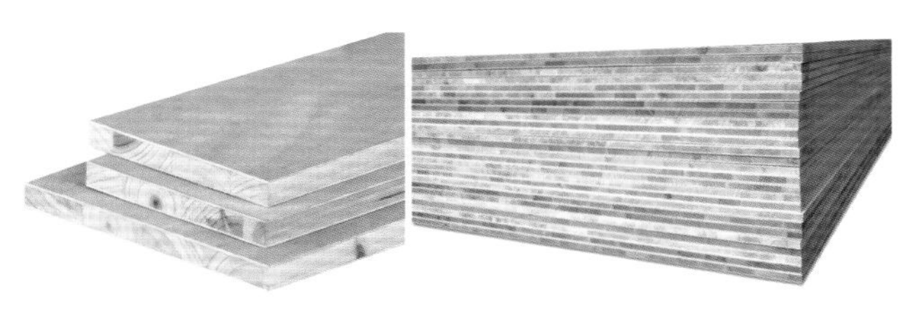

图2-101　细木工板

图2-102　有疤结指接板

图2-103　无疤结指接板

图2-104　胶合板

图2-105　贴面胶合板

一致，为 E0、E1、E2 级三个等级。

三、胶合板

胶合板是由木段旋切成单板或由木方刨切成薄木，再用胶黏剂胶合而成的三层或多层的板状材料，通常用奇数层单板，并使相邻层单板的纤维方向互相垂直胶合而成。胶合板是家具常用材料之一，为人造板三大板之一，室内装修中，也是用量最大的木质板材之一。主要树种有榉木、山樟、柳桉、杨木、桉木等。

胶合板上下邻层单板因互相垂直胶合而成，横纵方向物理性差异较小，机械加工性能高。经过加工后的胶合板，板面强度均匀、平整，变形系数小。胶合板长宽规格是 1220mm×2440mm，厚度规格则一般有 3mm、5mm、9mm、12mm、15mm、18mm 等。3mm、5mm 胶合板常称为薄胶合板，大于 5mm 胶合板为厚胶合板，薄胶合板主要用在有曲面异形装饰造型上做基层造型板使用，厚胶合板可在室内装修中，做顶面、墙面、家具、造型基层板使用（图2-104）。

装饰单板贴面胶合板与常规胶合板不同，装饰单板贴面胶合板是在原胶合板表面敷贴优质装饰单板加工而成，装饰单板是用优质木材经刨切或旋切加工方法制成的薄木片。装饰单板贴面胶合板是室内装修最常使用的材料之一。由于该产品表层的装饰单板是用优质木材经刨切或旋切加工方法制成的，所以比胶合板具有更好的装饰性能。该产品天然质朴、自然而高贵，可以营造出与人亲和的高雅居室环境（图2-105）。

装饰单板贴面胶合板按装饰面可分为单面装饰单板贴面胶合板和双面装饰单板贴面胶合板。值得注意的是常见的饰面板分为天然木质单板饰面板和人造薄木饰面板，所以装饰单板贴面胶合板表面饰面有以上两种贴面，选购时要问清。3mm 厚度装饰单板贴面胶合板通常是指前文所讲木饰面板。我国装饰单板贴面胶合板标准规定装饰单板贴面胶合板分为优等品、一等品和合格品三个等级。

四、纤维板

纤维板，又名密度板，是以木质纤维或其他植物素纤维为原料，经纤维制备，施加合成树脂，在加热加压的条件下，压制成的板材。发展纤维板生产是木材资源综合利用的有效途径。

按其密度可分为高密度纤维板、中密度纤维板和低密度纤维板。密度板表面光滑平

图2-106　密度板

图2-107　贴面刨花板

图2-108　空心刨花板

整、材质细密、性能稳定、边缘牢固，而且板材表面的装饰性好。但密度板耐潮性较差。且相比之下，密度板的握钉力较刨花板差，螺钉旋紧后如果发生松动，在同一位置很难再固定。

密度板由于结构均匀、材质细密、性能稳定、耐冲击、易加工，又是一种美观的装饰板材，各种涂料、油漆类均可均匀地涂在密度板上，是做油漆效果的首选基材。各种木皮、印刷纸、PVC、胶纸薄膜、三聚氰胺浸渍纸和轻金属薄板等材料均可在密度板表面上进行饰面。硬质密度板经冲制、钻孔，还可制成吸声板，应用于建筑的装饰工程中，在国内家具、装修、乐器和包装等方面应用比较广泛。

纤维板常规尺寸长宽规格是1220mm×2440mm，厚度规格一般有3mm、9mm、12mm、15mm、18mm等。环保上，为E0、E1、E2级三个等级（图2-106）。

五、刨花板

刨花板又称微粒板、碎料板，是将木材加工后的剩余材料等切碎、刨花后，施加胶黏剂后在热力和压力作用下胶合成的人造板。刨花板结构比较均匀，加工性能好，是装修及家具制作较好的原材料。制成品刨花板不需要再次干燥，可以直接使用，吸音和隔音性能也很好。但也有其固有的缺点，因为边缘粗糙，容易吸湿，所以用刨花板制作的家具封边工艺就显得特别重要。另外由于刨花板密度较大，用它制作的家具，相对于其他板材来说，也比较重。

根据刨花板结构分为单层结构刨花板、三层结构刨花板、渐变结构刨花板、定向刨花板、华夫刨花板、模压刨花板。

根据制造方法分为平压刨花板、挤压刨花板。按所使用的原料分为木材刨花板、甘蔗渣刨花板、亚麻屑刨花板、棉秆刨花板、竹材刨花板、水泥刨花板、石膏刨花板等。

刨花板可在表面进行贴面处理，经贴面处理的刨花板可直接做饰面装饰使用，贴面可分为渍纸饰面、装饰层压板饰面、单板饰面、表面涂饰、PVC饰面等。未经贴面处理的刨花板，一般仅作为装饰构造基层板使用（图2-107、图2-108）。

「_ 第三章　石材」

第三章 石材

天然石材，具有天然的纹理和丰富的颜色，因其耐磨、经久等优良的物理特性，自古以来被设计师广泛应用。目前市场上常见的石材主要分为天然石材和人造石材两大类。

天然石材是指从天然岩体中开采出来的，并经加工成块状或板状材料的总称，装饰用的天然石材主要有花岗石、大理石、砂岩等。

人造石材按工序分为水磨石和合成石，为人工合成石材，强度、硬度及价值没有天然石材高。

天然石材可大致分为火成岩、沉积岩、变质岩三类，相对其他建筑装饰材料，有以下几个特征。

1.不变形

天然石材组织结构均匀，线膨胀系数极小，内应力完全消失，不变形。

2.硬度高

天然石材刚性好，硬度高，耐磨性强，因温度变形小。

3.使用寿命长

天然石材不易粘微尘，维护、保养方便简单，不受温度限制，可一直保持其原有的物理性能，使用寿命长。

4.不磁化

天然石材测量时能平滑移动，无滞涩感，不受潮湿影响，平面稳定性好。

第一节 花岗岩

一、材料概述

火成岩岩石是由地幔或地壳的岩石经熔融或部分熔融后的物质冷却固结形成的构造岩。花岗岩是一种非常坚硬的火成岩岩石，是一种深层酸性火成岩，二氧化硅（SiO_2）含量超过66%。花岗岩以石英、长石和云母为主要成分。其中长石含量为40%～60%，石英含量为20%～40%，其颜色决定于所含成分的种类和数量。花岗岩构造细密，岩质坚硬密实，耐划痕和耐腐蚀。

花岗岩表达了庄重大方的氛围。不易风化，颜色美观，色调鲜明，外观色泽可保持百年以上。除了用作高级建筑装饰工程、大厅地面外，还是露天雕刻的首选之材。如北

图3-1 花岗石

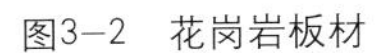
图3-2 花岗岩板材

图3-3 花岗岩空间运用一

图3-4 花岗岩空间运用二

京的人民英雄纪念碑、人民大会堂等重要建筑都运用了花岗岩（图3-1～图3-4）。

二、材料分类

花岗石磨光板材种类丰富，光亮如镜，有华丽高贵的装饰效果。花岗石由于成分形成复杂，形成条件多样，所以种类繁多，有多种的分类方式（图3-5～图3-10）。

按颜色分：

红色系列：锈石、四川红、虎皮红、玫瑰红、贵妃红等。

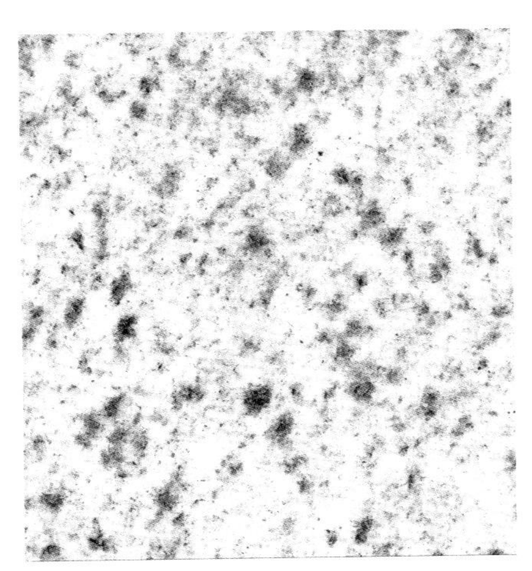
图3-5 美国灰麻

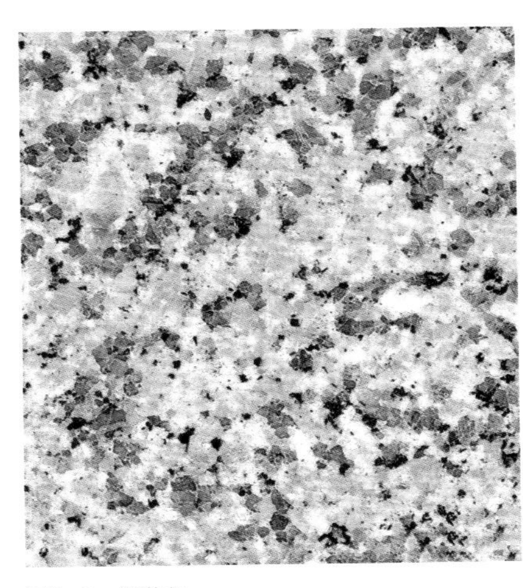
图3-6 樱花红

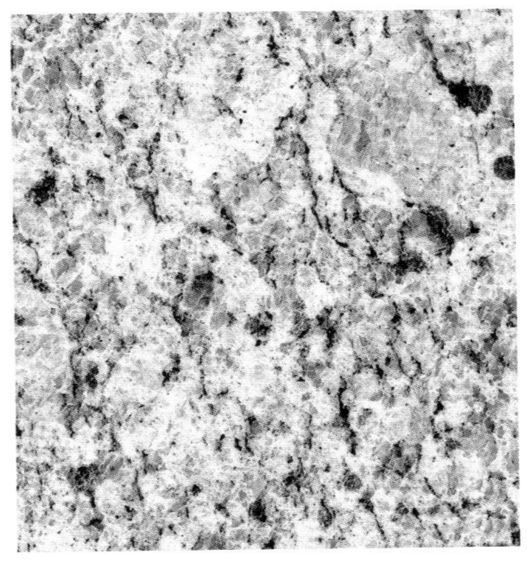
图3-7 娱乐金麻

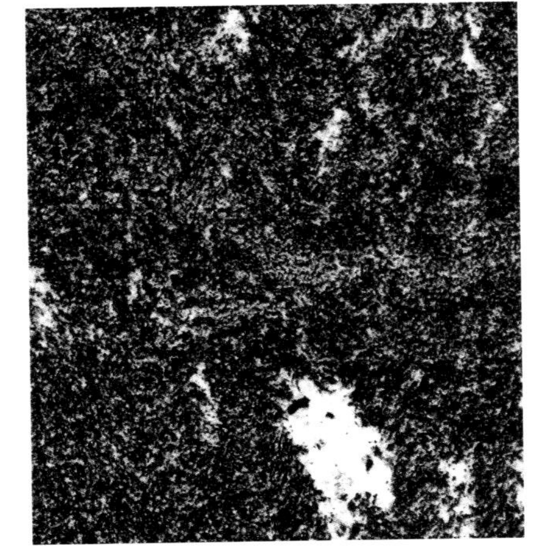
图3-8 云黑石

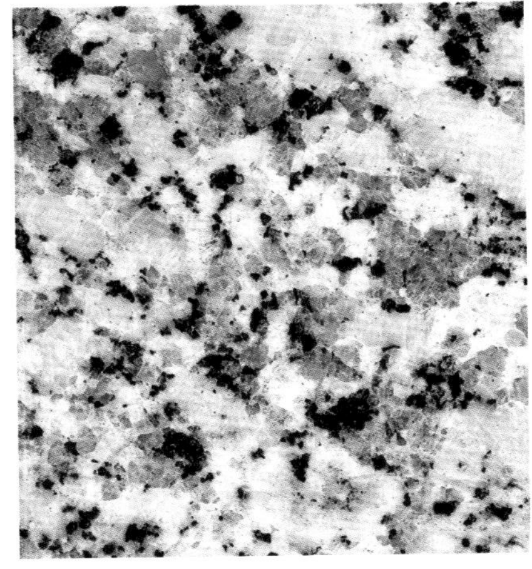
图3-9 巴拉花

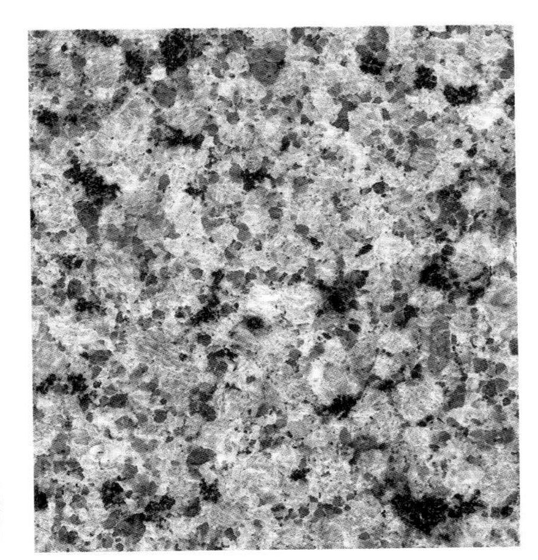
图3-10 巴西金

图3-11　花岗石地面

图3-12　花岗石墙面

黄红色系列：岑溪橘红、连州浅红、珊瑚花、虎皮黄等。

花白系列：灰麻、白麻、芝麻白、济南花白、四川花白等。

黑色系列：芝麻黑、四川黑、烟台黑、沈阳黑、长春黑等。

青色系列：芝麻青、济南青、竹叶青、芦花青、南雄青等。

按所含矿物种类分：

分为黑色花岗石、白云母花岗石、角闪花岗石、二云母花岗石等。

按结构构造分：

可分为细粒花岗石、中粒花岗石、粗粒花岗石、斑状花岗石、似斑状花岗石、晶洞花岗石及片麻状花岗石等。

按所含副矿物分：

可分为含锡石花岗石、含铌铁矿花岗石、含铍花岗石、锂云母花岗石、电气石花岗石等。常见长石化、云英岩化、电气石化等自变质作用。

三、材料性能特征

花岗石因常含有其他矿物质（如角闪石和云母）而呈现各种颜色，包括褐色、绿色、红色和常见的黑色等。因为它结晶过程很慢，它的晶体像魔方一样一个个地交织在一起，质地坚硬，抛光后表面光泽度很高，表面几乎不能黏附任何杂质。

结构致密：抗压强度高，吸水率低，表面硬度大，化学稳定性好，耐久性强，但耐火性差。

抗冻性：呈细粒、中粒、粗粒的粒状结构或似斑状结构，其颗粒均匀细密，间隙小，吸水率不高，有良好的抗冻性能。

硬度高：其摩氏硬度在6及以上，主要用于室内外的装饰地面、踏步、柱面、墙面、墙脚等处。

成荒率高：能进行各种加工，板材可拼性良好。还有花岗岩不易风化，能用作户外装饰用石（图3-11、图3-12）。

四、设计注意事项

花岗岩有质地坚硬、耐磨、耐腐蚀性强等优点，也有自重大、加工难、质地脆、有辐射等缺陷，在设计选用上，需谨慎对待，特别是在辐射性问题上，尤需关注。虽天然石材具有一定微量的放射性元素，但花岗岩的放射性元素大于其他天然石材。国家标准《建筑材料放射性核素限量》(GB 6566—2001) 规定，石材放射性分A、B、C三个等级。因石材放射性元素不能进行人工消除，可看成持续性的放射源，所以在石材选购上要注意。

A级：放射性元素比活度低，不会对人体产生伤害，可用于任何空间。

B级：放射性元素比活度较高，可用于宽敞、高大、通风良好的空间。

C级：放射性元素比活度很高，只能用于室外。

五、花岗岩工艺构造

花岗岩常用于室外装修，如大楼外观、室外地面、台阶等，室内一般常用于地面、墙面装饰。不同部位工艺构造不尽相同，具体构造详见第六节石材工艺构造。

第二节 大理石

一、材料概述

大理石是地壳中原有的岩石经过地壳内高温高压作用形成的变质岩，层状结构，具有明显的结晶和纹理，属于中硬石材。大理石主要由方解石、石灰石、蛇纹石和白云石组成。其主要成分以碳酸钙为主，约占50%以上，其他还有碳酸镁、氧化钙、氧化锰及二氧化硅等。

相对于花岗石而言，大理石一般比较软。大理石纹理清晰、光滑细腻、亮丽清新，像是带给大家一次又一次的视觉盛宴，装在室内空间里，可以把空间衬托得更加的典雅大方。

由于天然大理石一般都含有杂质，而且碳酸钙在大气中受二氧化碳、碳化物、水气的作用容易风化和溶蚀，表面会很快失去光泽，所以大理石一般仅用在室内空间做装饰使用。大理石国际上统称为云石，在中国，云南大理市点苍山所产的大理石因具有绚丽色泽与花纹，故国内称之为大理石。

二、材料分类

大理石色彩斑斓，色调多样，花纹无一相同，这正是大理石板材名贵的魅力所在。大理石的品种划分、命名原则不一，有多种分类方式。

以产地和颜色命名：丹东绿、铁岭红、蒙古黑等。

以花纹和颜色命名：雪花白、灰木纹、黑白根等。

以花纹形象命名：秋景、海浪等。

以传统名称命名：汉白玉、晶墨玉等。

图3-13 爵士白

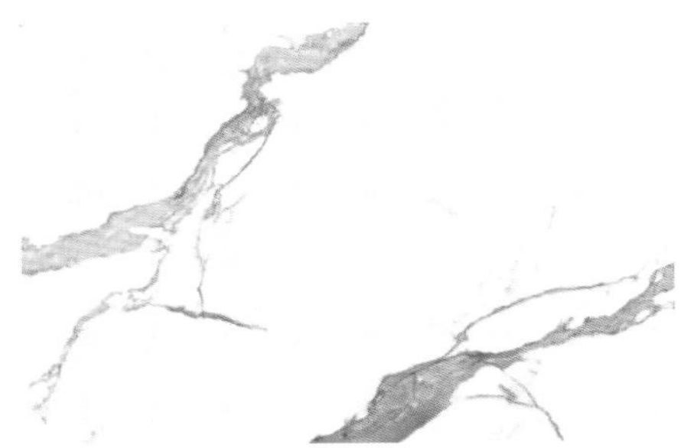

图3-14 意大利大花白

图3-15 保加利亚深灰

图3-16 黑白根

图3-17 阿曼米黄

图3-18 爱舍丽米黄

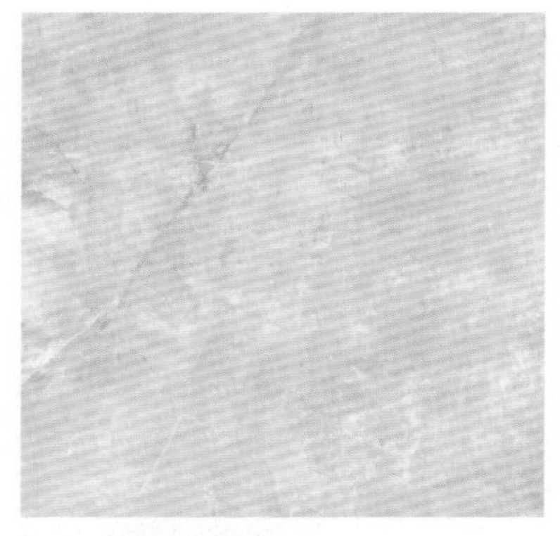
图3–19　香格拉米黄

图3–20　丁香米黄

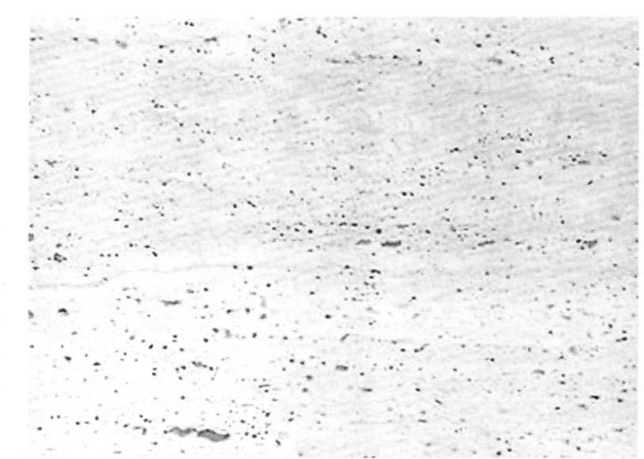
图3–21　洞石

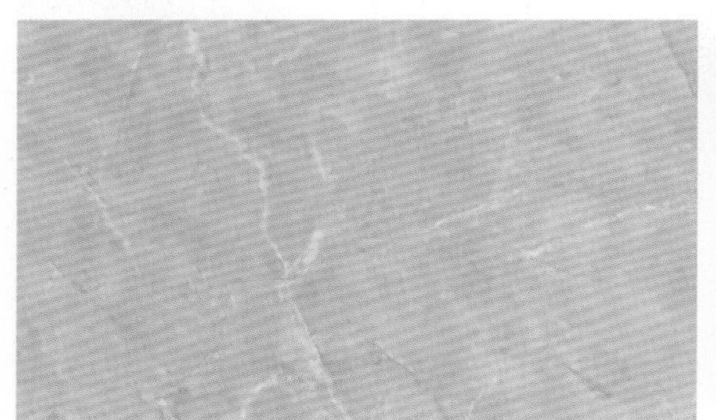
图3–22　普利亚中灰

图3–23　黑金花

图3–24　金丝米黄

图3–25　绿玉石

图3–26　珊瑚红

因此，因产地不同常有同类异名或异岩同名现象出现。为了方便对大理石更为准确、方便地掌握，根据大理石饰面板基本颜色，大致可分为白色、灰色、黑色、米色、彩色五个系列（图 3–13 ～图 3–26）。

白色系列：鱼肚白、爵士白、大花白、雅士白等。

灰色系列：杭灰、灰木纹、土耳其灰、云多拉灰等。

黑色系列：黑金花、黑白根、黑晶玉、蒙古黑等。

米色系列：西班牙米黄、莎安娜米黄、卡曼米黄、金线米黄等。

彩色系列：西施红、雨林绿、挪威红、蓝钻等。

大理石颜色丰富，在分类中，不能一一详细按颜色划分，故将红、蓝、绿、紫等颜色大理石归为彩色系列。因米黄类石材占大理石品种最为重要的一块，所以单独罗列分类。

三、材料性能特征

大理石由沉积岩和沉积岩的变质岩形成，主要成分是碳酸钙（其含量为 50% ～ 75%）。颗粒细腻（指碳酸钙），表面条纹分布一般较不规则，硬度较低，经过加工处理后，主要用于地面和墙

图3-27　大理石1

图3-28　大理石2

图3-29　大理石3

面装饰，因其耐磨利热等优点，很受市场欢迎。其特点如下：

1. 大理石物理性稳定、组织缜密，长期使用不变形，防锈、防磁、绝缘。

2. 大理石有良好的装饰性，辐射低，且色泽艳丽、色彩丰富，广泛用于室内界面装饰。

3. 硬度适中，其摩氏硬度在 2 ～ 5，刚性好，耐磨性强，易加工（图 3-27 ～图 3-29）。

大理石磨光后非常美观，质感柔和，美观庄重，格调高雅，是装饰豪华建筑的理想材料。大理石加工成各种型材、板材，可作建筑物的墙面、地面、台、柱等装饰使用。大理石设计选材时，要注意颜色均匀，要求花纹、深浅逐渐过渡；图案型大理石要求图案清晰、花色鲜明、花纹规律性强。

四、设计注意事项

大理石具有优良的加工性能，除作空间装饰外，还可以进行艺术品加工，如工艺品的雕刻等。大理石易风化，在室外条件下会逐渐失去光泽、掉色甚至产生裂缝。大理石在建筑中一般多用于室内，室外则需经过特殊的防水防腐保护处理，用于室内地面时需经常抛光保养以保护光洁度。

五、大理石工艺构造

大理石一般常用于室内地面、墙面装饰。不同部位工艺构造不尽相同，具体构造详见本章第六节。

第三节　砂岩

一、材料概述

砂岩是一种沉积岩，主要由各种砂粒胶结而成，颗粒直径在 0.05mm ～ 2mm，其中砂粒含量要大于 50%，结构稳定，通常呈淡褐色或红色，主要含硅、钙、黏土和氧化铁。砂岩是源区岩石经风化、剥蚀、搬运在盆地中堆积形成。岩石由碎屑和填隙物两部分构成。碎屑常见矿物有石英、长石、白云母、方解石、黏土矿物、白云石、鲕绿泥石、绿泥石等，绝大部分砂岩是由石英或长石组成的。填隙物包括胶结物和碎屑

图3－30　砂岩1

图3－31　砂岩2

图3－32　砂岩3

图3－33　砂岩4

杂基两种组分。常见胶结物有硅质和碳酸盐质胶结；杂基成分主要指与碎屑同时沉积的颗粒更细的黏土或粉砂质物（图 3－30 ～图 3－33）。

图3－34　砂岩5

二、材料分类

1.按直径分类

按砂粒的直径划分：巨粒砂岩（2mm ～ 1mm）、粗粒砂岩（1mm ～ 0.5mm）、中粒砂岩（0.5mm ～ 0.25mm）、细粒砂岩（0.25mm ～ 0.125mm）、微粒砂岩（0.125mm ～ 0.0625mm）。以上各种砂岩中，相应粒级含量应在 50% 以上。

2.按岩石类型分类

按岩石（矿物）类型分类：石英砂岩（石英和各种硅质岩屑的含量占砂级岩屑总量的 95% 以上）和石英杂砂岩、长石砂岩（碎屑成分主要是石英和长石，其中石英含量低于 75%、长石超过 18.75%）和长石杂砂岩、岩屑砂岩（碎屑中石英含量低于 75%，岩屑含量一般大于 18.75%，岩屑 / 长石比值大于 3）和岩屑杂砂岩（图 3－34 ～图 3－37）。

三、材料性能特征

砂岩，隔音、吸潮、抗破损，户外不风化，水中不溶化、不长青苔、易清理等。随着人们生活水平和艺术品位的提高，雕刻艺术品已广泛应用在大型公共建筑、别墅、家装、酒店宾馆的装饰、园林景观及城市雕塑，广受市场欢迎。其特点如下：

图3－35　砂岩6

图3－36　砂岩7

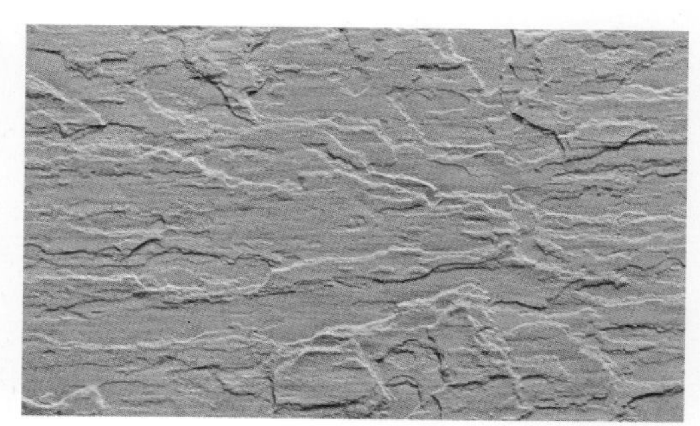

图3－37　砂岩8

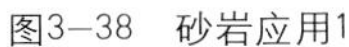

图3–38 砂岩应用1

图3–39 砂岩应用2

图3–40 砂岩应用3

图3–41 砂岩应用4

图3–42 砂岩装饰应用1

图3–43 砂岩装饰应用2

1. 砂岩是一种无光污染、无辐射的优质天然石材，对人体无放射性伤害。

2. 防潮、防滑、吸音、吸光、不褪色、冬暖夏凉、温馨典雅。

3. 相对花岗岩、大理石产品安装的简单化，产品能够与木作装修有机连接，背景造型的空间发挥更完善。

4. 材质方面，一种暖色调的装饰用材，素雅而温馨，协调而不失华贵；具有石的质地，木的纹理，还有壮观的山水画面，色彩丰富，贴近自然，古朴典雅，在众多的石材中独具一格而被美谓为“丽石”（图 3–38 ～图 3–41）。

四、设计注意事项

砂岩是一种特殊的天然石材，在室内装饰设计使用上，一般用于背景墙体、主题雕塑使用，体现空间的主题特性。在室外环境设计上，主要用于景观雕塑。砂岩相对于花岗岩、大理石等石材，质地松脆，不建议用于地面装饰。以板材形式做内墙面装饰时，建议其厚度为 20mm 及以上，用于外墙做幕墙装饰时，建议厚度在 30mm 以上。砂岩饰面有独特的孔隙，在设计选材及施工上，注意材料保护（图 3–42、图 3–43）。

五、砂岩工艺构造

砂岩在室内空间一般常用于墙面装饰，小体量装饰可以采用胶粘的方式施工，大体量的装饰设计则需要采用干挂的施工方式，具体详见第六节石材工艺构造。

第四节 艺术石材

一、玉石

玉石是大理石的一种，玉石颜色绚丽多彩，色泽温润，有一定透光度，因材质与玉有一定相似度，被称为玉石。玉石质地细腻坚韧，纹理丰富，有一定硬度，具有特殊的装饰效果，玉石的天然质感也为空间增添独特的艺术效果。每一块玉石都有自身独特的装饰效果，图案花纹都是独一无二、不可复制的艺术品，在室内空间装饰应用时可以营造空间高贵、典雅的装饰效果，凸显空间的独特性与尊贵性。

相对于其他石材，玉石有一定的通透性。在灯光照射下，玉石可以微弱地投射光源，整个材质有晶莹剔透的艺术效果。将玉石切成薄片，可以作为透光灯片使用，营造高贵典雅的空间气氛。

玉石虽然不是玉，但有玉的晶润光泽，玉石质地温润细腻，独特的花纹在设计上，可根据花纹大小做不同的空间设计。大纹可以独立做整幅背景墙面使用，营造空间视觉中心；小纹可以采用对纹或拼纹拼接设计，形成带有韵律的图案效果（图 3–44 ~图 3–48）。

二、文化石

“文化石”是个统称，学术名称铸石。天然文化石从材质上可分为沉积砂岩和硬质板岩。人造文化石产品是以水泥、沙子、陶粒等无机颜料经过专业加工以及特殊的蒸养工艺制作而成。它拥有环保节能、质地轻、强度高、抗融冻性好等优势。一般用于建筑外墙或室内局部装饰。

天然文化石：是开采于自然界的石材矿床，其中的板岩、砂岩、石英石，经过加工，成为一种装饰建材。天然文化石材质坚硬，色泽鲜明，纹理丰富，风格各异。具有抗压、耐磨、耐火、耐寒、耐腐蚀、吸水率低等优点。 天然文化石最主要的特点是耐用，不怕脏，可无限次擦洗。但装饰效果受石材原纹理限制，除了方形石外，其他的施工较为困难，尤其是拼接时。

人造文化石：人造文化石是采用浮石、陶粒、硅钙等材料经过专业加工精制而成的，采用高新技术把天然形成的每种石材的纹理、色泽、质感以人工的方法进行升级再现，效果极富原始、自然、古朴的韵味。高档人造文化石具有环保节能、质地轻、色彩丰富、不霉、不燃、抗融冻性好、便于安装等特点。

文化石的分类大体相似，一般有条石、面包石、城墙石、风化石、鹅卵石、混合纹理石、仿古砖等（图 3–49 ~图 3–52）。

三、石材马赛克

石材马赛克是将天然石材切割、打磨成各种规格、形态的小石块拼贴而成，是最古老和传统的马赛克品种，最早的马赛克就是用小石子镶嵌、拼贴而成。石材马赛克具有天然的质感，有自然的石材纹理，风格自然、古朴、高雅。根据其处理工艺的不同，有亚光面和亮光面两种形态。规格有方形、条形、圆角形、圆形和不规则平面、粗糙面等。用这种材料装饰墙壁或者地面，既保留了天然石材本身的质朴感，又使图案丰富，广泛应用于各类室内装饰，是理

图3–44　玉石

图3–45　玉石造型

图3–46　成都瑞华酒店大堂玉石装饰墙1

图3–47　成都瑞华酒店大堂玉石装饰墙2

图3–48　成都瑞华酒店大堂玉石装饰墙3

图3–49　人造条石

图3–50　人造风化石

图3–51　人造面包石

图3–52　鹅卵石

图3–53　石材马赛克1

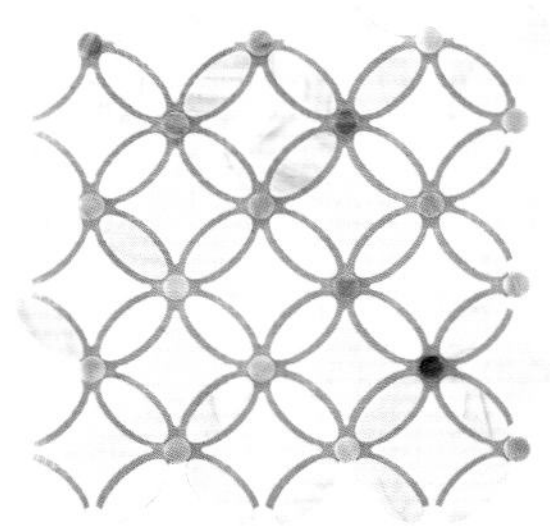
图3–54　石材马赛克2

图3–55　石材马赛克3

图3–56　石材马赛克4

图3–57　超薄石材1

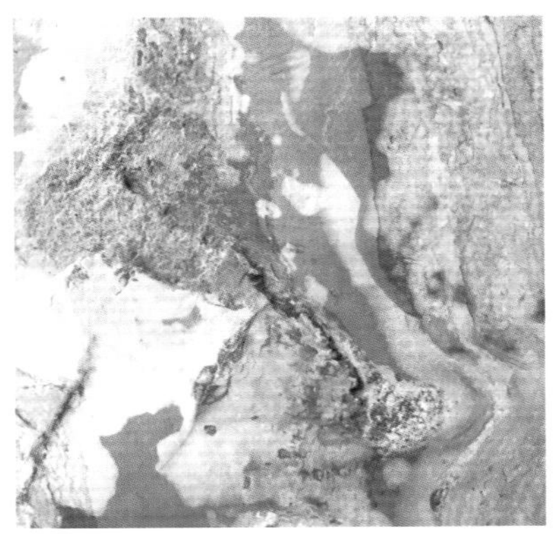
图3–58　超薄石材2

图3–59　超薄石材3

图3–60　超薄石材4

图3–61　超薄石材5

想的高档装饰产品（图 3–53 ～图 3–56）。

四、超薄石材

石材传统印象坚硬厚重，在当代科技发展的带领下，新工艺新技术的突破，使得石材业从传统、刻板的印象中逐步焕发新生，凸显“石”尚。超薄石材出现颠覆石材的感官印象及设计使用，不仅在厚度上最薄可以达到 1mm ～ 2mm，其形态也有突破性，具有弯曲的韧性，这对于传统石材是不可想象的形态。

超薄石材面层取自天然石材，创新性地采用了“剥”皮的形象，把天然岩石如纸片一样从岩石中剥出来，最大限度保留了天然石纹和肌理。通过环保胶与基层聚酯板粘贴在一起，形成特有的石材装饰材料。超薄石材可以应用于空间墙面、顶面各类造型，采用胶粘的施工方式，比原来钢架干挂方式更加节省工期、节省造价，是一种非常新型的创意装饰材料。目前市面上有诸多提供该产品的公司，如德国瑞赫姆 REAHOME、艾栎等（图 3–57 ～图 3–61）。

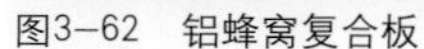

图3-62 铝蜂窝复合板

图3-63 瓷砖复合板

图3-64 石材复合板

五、复合石材

复合石材由两种及以上不同板材用胶黏剂黏结而成。面材为天然石材，基材为瓷砖、石材、玻璃或铝蜂窝等。

石材是不可再生资源，一些名贵石材因产量限制等原因，市场供应不足，且价格昂贵，为了缓解这一供需及价格矛盾，复合石材应运而生。复合石材因独特的构造形式，相对传统石材，复合石材具有重量轻、强度高、节能降耗、控制色差、降低造价等优点，被广泛选择为装饰材料。

复合石材基材分为铝蜂窝复合板（简称石材蜂窝板）、瓷砖复合板、石材复合板等（图 3–62 ～图 3–64）。

六、艺术石材工艺构造

艺术石材多种多样，根据设计不同，施工工艺构造也多种多样，具体详见第六节石材工艺构造。

第五节　人造石材

一、材料概述

人造石是以树脂、铝粉、颜料和固化剂或水泥作为胶合剂，配以大理石、花岗岩等天然石材的碎料，与石英砂、石渣等，经搅拌成型，切割、打磨而成。人造石主要应用于建筑装饰行业，它是一种新型环保复合材料。相比天然石材、陶瓷等传统建材，人造石不但功能多样，颜色丰富，应用范围也更加广泛（图 3–65 ～图 3–67）。

二、材料分类

人造石根据材质及生产工艺过程的不同，可分为树脂型人造石材、复合型人造石材、水泥型人造石材和烧结型人造石材四种类型。

1. 树脂型人造石材

树脂型人造石材是以不饱和聚酯树脂为胶结剂，与天然大理石碎石、石英砂、方解石、石粉或其他无机填料按一定的比例配合，再加入催化剂、固化剂、颜料等外加剂，经搅拌、成型、烘干、抛光等工序加工而成。树脂型人造石材光泽好、颜色鲜艳丰富、可加工性强、装饰效果好。

2. 复合型人造石材

复合型人造石材采用的黏结剂中，既有无机材料，也有有机高分子材料。其制作工艺是：先用水泥、石粉等制成水泥砂浆的坯体，再将坯体浸于有机单体中，使其在一定条件下聚合而成。对板材而言，底层用性能稳定而价廉的无机材料，面层用聚酯和大理石粉制作。

图3-65　人造石1

图3-66　人造石2

图3-67　人造石3

图3-68　亚克力石台面

图3-69　合成石

图3-70　微晶石仿大理石背景墙

3.水泥型人造石材

水泥型人造石材是以各种水泥为胶结材料，砂、天然碎石粒为粗细骨料，经配制、搅拌、加压蒸养、磨光和抛光后制成的人造石材。配制过程中，混入色料，可制成彩色水泥石，水磨石和各类花阶砖即属此类。

4.烧结型人造石材

烧结型人造石材的生产方法与陶瓷工艺相似，是将长石、石英、辉绿石、方解石等粉料和赤铁矿粉，以及一定量的高岭土共同混合，一般配比为石粉 60%，黏土 40%，采用混浆法制备坯料，用半干压法成型，再在窑炉中以 1000℃左右的高温焙烧而成。烧结型人造石材的装饰性好，性能稳定，但需经高温焙烧，因而能耗大，造价高。

四种人造石质装饰材料中，以树脂最常用，是以不饱和聚酯树脂为胶结剂而生产的树脂型人造石材，其物理、化学性能稳定，适用范围广，又称聚酯合成石。其物理、化学性能亦最好，种类最多，有亚克力石、合成石、微晶石等，是目前使用最广泛的人造石（图 3-68 ~图 3-70）。

三、材料性能特征

人造石材具备天然石材的质感和坚固质地，以及陶瓷的光泽细腻，作为新一代装饰材料产品，具有无毒性、放射性，阻燃、不粘油、不渗污、抗菌防霉、耐磨、耐冲击、易保养、无缝拼接、造型百变的性能。

其特点如下：

1. 人造石不含放射性物质，无放射性污染。

2. 色彩、图案丰富，种类繁多。

3. 硬度、韧性适中，耐冲击性比天然石材好。

4. 结构致密，无微孔，液体物质不能渗入。

5. 加工制作方便，可黏结，利用专用胶水、各种台面黏结后打磨抛光均可，可弯曲

图3–71　人造石材1

图3–72　人造石材2

图3–73　人造石材3

图3–74　人造石材4

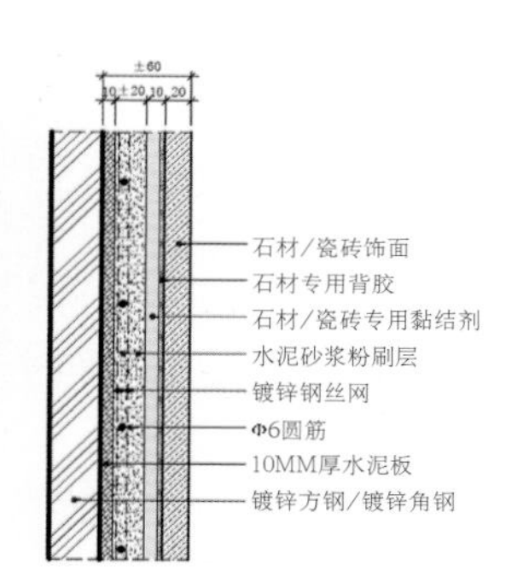

图3–75　干挂法

加工成各种形状（图 3–71 ～图 3–74）。

四、设计及工艺构造

人造石材除水泥型人造石材为现场制作，其他均为成品使用，且以产品形式出现，如橱柜、台面等。选材时对颜色花纹进行设计选择即可，对于树脂型人造石材选择要注意避免在高温区域内使用该产品。其工艺构造因其独特的加工特性，需厂家提供专业技术服务，本文不再详细阐述。

第六节　石材工艺构造

石材自重大，施工难度高，根据设计不同，工艺构造也多种多样，常见有干挂法、湿挂法、干铺法、湿贴法、胶粘法等。

一、干挂法

干挂法是通过金属骨架与墙体固定，将石材开槽，用干挂件、云石胶将石材与金属骨架固定的一种工艺。石材干挂是石材施工最常用的工艺构造，主要用于石材墙面施工。根据墙体基层构造不同，其干挂工艺构造有所区别。石材使用界面高度、面积不同，石材厚度及施工要求不一（图 3–75）。

1. 墙体基层构造不同

（1）混凝土、实心墙体等水平荷载较高墙体

此部分墙体，将镀锌钢板用膨胀螺栓与墙面固定，金属骨架与镀锌钢板固定安装，采用焊接方式。根据设计高度不同，钢架构造也略有区别（图 3–76、图 3–77）。

（2）空心墙体等水平荷载较低墙体

此部分墙体，因水平荷载较低，不足以承受钢架、石材的拉力，安装金属骨架时，墙面需做对栓螺栓固定镀锌钢板，不能使用膨胀螺栓，同时需做槽钢竖向骨架支撑（图 3–78）。

2. 设计高度面积不同

（1）根据《中华人民共和国建材行业工程建设标准》（JCG/T 60001—2007）规定，当单块石材面积大于 1m × 1m，重量大于 40kg 或室内高度≥ 3.5m 时，必须采用干挂法施工。在《干挂饰面

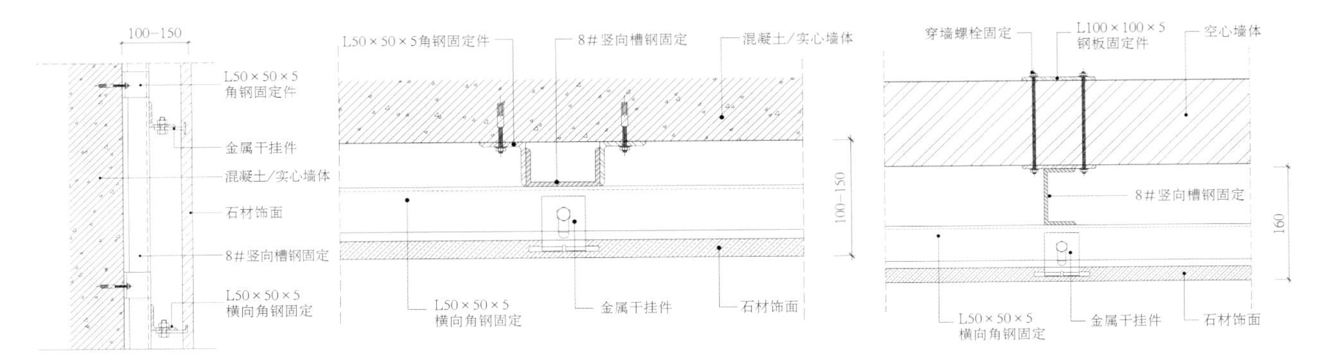

图3-76　墙面石材干挂工艺构造图（纵剖）

图3-77　墙面石材干挂工艺构造图（横剖）

图3-78　空心墙石材干挂工艺构造图（横剖）

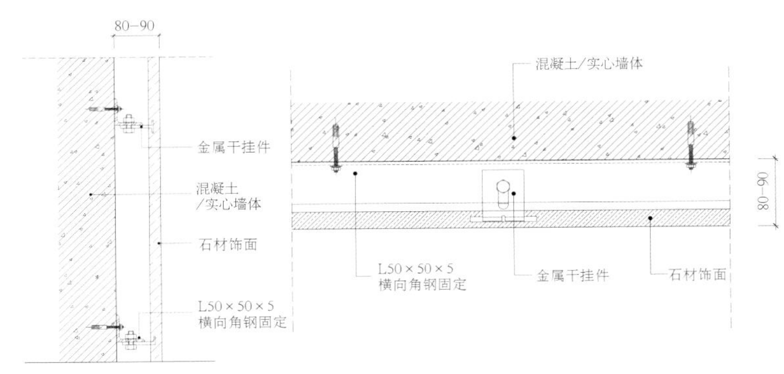

图3-79　3.5m及以下墙面石材干挂工艺构造图（纵剖）

图3-80　3.5m及以下墙面石材干挂工艺构造图（横剖）

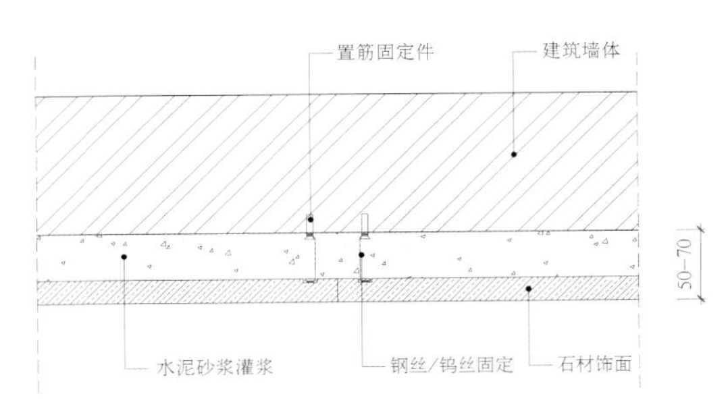

图3-81　墙面石材湿挂工艺构造图（横剖）

石材》（中国国家标准，GB/T　32834—2016）中指出，当室内墙面高度≤6m时，石材厚度不得低于20mm；当墙面高度>6m，石材厚度不得低于25mm。

(2) 根据行业施工经验，墙面石材除小空间采用湿挂法外，均采用干挂法。高度≤3.5m，一般用角钢做骨架；高度>3.5m，需在角骨架基础上，增加槽钢骨架方可保证设计安全（图3-79、图3-80）。

干挂法施工核心是采用金属骨架进行施工安装，相对于石材其他工艺构造，有明显的优缺点。

优点：

1. 安全性高：石材干挂采用钢架基层固定，安全性最高。

2. 无返碱困扰：不与水泥接触，水泥中碱性物质不会侵蚀石材饰面，破坏石材装饰效果。

缺点：

1. 施工成本高：增加金属钢架，在工期、人工、材料上都有所增加，施工造价高。

2. 占用空间大：金属钢架基层，最低占用80mm空间，降低有效使用空间。

3. 水平受力差：金属钢架基层形成的空腔层导致石材除连接点以外全是空的，当石材受到水平方向冲击力时，容易破碎。

二、湿挂法

相对于干挂法，湿挂法是传统石材工艺最常见的做法。基本原理：先将石材挂板通过钢丝与墙体立筋固定，石材与墙体空30mm～50mm距离，空腔内灌水泥砂浆。石材湿挂法是石材传统施工工艺构造，在小面积的空间使用较多，如卫生间等。

采用湿挂法施工，需在墙面上预埋固定横筋或立筋，石材背面开孔，用钢丝或者铅丝，穿过石材孔与横筋或立筋固定，分批灌浆施工，每批次灌浆施工完毕需要约24小时硬化期（图3-81）。

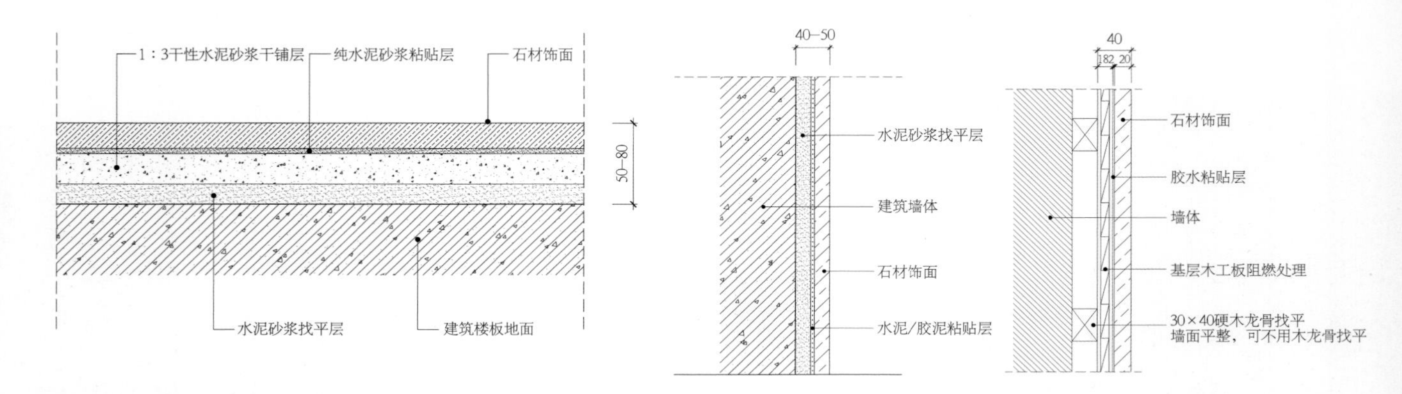

图3–82　地面石材干铺工艺构造图

图3–83　墙面石材湿贴工艺构造图（纵剖）

图3–84　石材胶粘法工艺构造图（纵剖）

优点：

1. 占用空间少。

2. 安全性比较高。

缺点：

1. 施工慢、增加人工成本。

2. 有石材返碱现象。

3. 施工不当容易出现空鼓等缺陷。

三、干铺法

干铺法基本用于地面铺贴。基本原理是在石材粘贴层与地面之间做一层厚度为30mm～50mm的干性水泥砂浆构造层，是室内外地面铺贴的常规做法（图3–82）。

优点：

1. 应用范围广，石材、瓷砖、马赛克等均可采用此工艺施工。

2. 能有效降低地面空鼓率。

3. 施工便捷快速。

缺点：

1. 有返碱现象。

2. 施工养护不当容易出现空鼓等缺陷。

四、湿贴法

湿贴法基本用于墙面铺贴。基本原理是在石材背面用水泥浆或专用胶泥作为黏结剂，把石材粘贴在墙面上，是墙面铺贴的常规做法。在使用湿铺法施工时，墙面需做一层水泥砂浆抹灰层找平方可粘贴。

由于水泥为碱性材料，用水泥作为粘贴剂会有返碱现象出现，所以现在湿铺法越来越多用专用胶泥作为粘贴材料使用。相对水泥浆，胶泥施工更加牢固，完成面更薄（图3–83）。

优点：

1. 应用范围广，石材、瓷砖、马赛克等均可采用此工艺施工。

2. 施工成本低。

3. 占用空间小，构造层基本为10mm～20mm。

缺点：

1. 用水泥浆有返碱现象。

2. 对温度要求高。

五、胶粘法

胶粘法主要是在空间结构基层不能沾水的情况下使用，使用胶粘法，需要将基层做平整后方可施工。前一项目讲到超薄石材，均采用胶粘法施工，胶粘法施工除粘贴超薄石材外，其他石材只能以小块面、小空间使用，大面积石材安装不能采用此施工方法（图3–84）。

优点：

1. 几乎不占用空间，只有一层结构胶构造层。

2. 不返碱，结构胶相对水泥而言，不会返碱。

3. 不易空鼓，结构胶附着力强，粘贴牢固，不易空鼓。

缺点：

1. 对基层要求高，胶粘法对基层平整度有严格要求。

2. 使用范围小，只能小面积、小体块采用（超薄石材除外）。

「_ 第四章 陶瓷」

第四章　陶瓷

陶瓷是中国文明史的一个重要组成部分，陶瓷的发明在人类发展史上具有独特的历史意义。随着近现代科学技术的发展，陶瓷的应用范围不断扩大，其中在室内装饰行业，瓷砖种类繁多，款式丰富、多变，深受设计师喜爱（图 4–1）。

目前，室内装饰行业瓷砖分墙砖、地砖两大类。根据材质、生产工艺不同，又可分为通体砖、玻化砖、抛光砖、釉面砖、微晶石、仿古砖等。作为装饰行业最常规的装饰材料，瓷砖被广泛应用于各类建筑空间形态中（图 4–2）。

在技术不断革新发展的社会生产中，瓷砖也在不断地创新发展，出现陶瓷薄板、彩色水磨石等个性、另类的陶瓷产品，为室内装饰提供更多、更具有装饰质感的设计材料（图 4–3）。

瓷砖发展史小知识：

瓷砖的历史应该追溯到公元前，当时，埃及人已开始用瓷砖来装饰各种类型的房屋。人们将黏土砖在阳光下晒干或者通过烘焙的方法将其烘干，然后用从铜中提取出的蓝釉进行上色。

公元前，在美索不达米亚地区发现了瓷砖。这种瓷砖以蓝色和白色的条纹达到装饰目的，后来出现了更多种的样式和颜色。

在中世纪伊斯兰时期，所有瓷砖的装饰方法在波斯达到顶峰。随后，瓷砖的运用逐渐盛行全世界。在瓷砖的历史进程中，西班牙和葡萄牙的马赛克、意大利文艺复兴时期的地砖、安特卫普的釉面砖、荷兰瓷砖插图的发展以及德国的瓷砖都具有里程碑式的意义。

在古代，都是手工制作。也就是说，每一块瓷砖都是手工成型、手工着色，因此每一块瓷砖都是一件独特的艺术品。

如今，全世界范围内运用自动化的生产技术，人的手只是用来操作设备。与过去一样，室内室外都使用瓷砖进行装饰。

图4–1　陶瓷

图4–2　日内瓦五彩瓷砖小公寓

图4–3　西班牙Algueña音乐厅

第一节　通体砖

一、材料简介

通体砖的表面不上釉，而且正面和反面的材质和色泽一致，因此得名通体砖。做法是将岩石碎屑经过高压压制而成，表面抛光后坚硬度可与石材相比，吸水率更低，耐磨性好。在当前设计潮流中，素色设计越来越普及，通体砖也越来越成为装饰的一种时尚材料，广泛用于厅堂、广场、走道等公共区域。通体砖具有优良的防滑性能，常见的防滑地砖都属于通体砖的范畴（图 4–4）。

通体砖小知识：

通体砖规格非常多，小规格有外砖，中规格有广场砖，大规格有耐磨砖、抛光砖等，常用的主要规格（长 × 宽）有45mm×45mm、45mm×95mm，以及200mm、300mm、500mm、600mm、800mm等。

二、艺术特色

通体砖根据原料配比不同，砖体形态、样式均有所区别。一般分为纯色通体砖、混色通体砖、颗粒布料通体砖；根据面状分为平面、波纹面、劈开面、石纹面等；根据成型方法分为挤出成型和干压成型等（图4-5）。

不同面状的通体砖呈现出不同的艺术效果。平面状通体砖，铺贴呈现平滑、典雅、静逸的装饰效果。波纹面状通体砖，铺贴呈现流动、韵律、活泼的装饰效果。劈开面状通体砖，铺贴呈现奇特、古韵、高雅的装饰效果。石纹面状通体砖呈现自然、高档、贵气的装饰效果。通体砖颜色多变，色彩效果缤纷，整体装饰效果古香古色、高雅别致、纯朴自然。通体砖尽管颜色比较丰富，但其花色还是比较单一，纹路基本一致，属于纵向规则花纹（图4-6）。

三、设计表达

1. 通体砖结构密实、吸水率低、耐磨性好，被广泛用于厅、堂、广场、室外走道等人流量大的公共空间。

2. 通体砖独特的艺术纹理和材料质感会对空间效果表达起到良好的装饰效果。

3. 在设计使用及施工环节中，应注意根据空间大小、使用部分选择恰当尺寸的通体砖，同时注意砖缝之间慎用白色填缝剂，以免影响使用后的装饰效果。

图4－4 法国红砖砌筑的“母婴之家”

图4—5 都灵Santo Volto教堂

图4—6 首尔青云别墅

第二节 玻化砖

一、材料简介

玻化砖是瓷质抛光砖的俗称，是通体砖坯体的表面经过打磨而成的一种光亮的砖，属通体砖的一种。玻化砖是由石英砂、泥按照一定比例烧制而成，然后经打磨抛光，表面光滑透亮，是所有瓷砖中最硬的一种，因它具有表面光洁、易清洁保养、耐磨耐腐蚀、强度高、装饰效果好、用途广、用量大等特点，而被称为“地砖之王”。玻化砖在吸水率、边直度、抗弯强度、耐酸碱性等方面都优于普通釉面砖及一般的大理石。玻化砖可广泛用于各种工程及家庭的地面和墙面（图4-7）。

玻化砖小知识：

吸水率低于0.5%的陶瓷砖都称为玻化砖，抛光砖吸水率低于0.5%也属玻化砖，高于0.5%就只能是抛光砖而不是玻化砖。抛光砖也是通体砖的一种，是在通体砖坯体的表面经过打磨而成的一种砖。市场上玻化

图4-7　西安老铺烤鸭航天城店

图4-8　汕头MySpace私域烘焙店

砖、玻化抛光砖、抛光砖实际是同类产品。吸水率越低，玻化程度越好，产品理化性能越好。

玻化砖常用规格有（长 × 宽）300mm×300mm、600mm×600mm、800mm×800mm、900mm×900mm，在不同品牌产品中，规格型号也不尽相同。

二、艺术特色

玻化砖不同色彩的粉料配比呈现不同的色彩层次。玻化砖色调高贵、质感优雅、表面色彩绚丽柔和，没有明显色差，装饰纹理多样，效果各异，是非常理想的装饰材料。玻化砖性能稳定，强度高、耐磨、吸水率低、耐酸碱、色差小。玻化砖能够达到天然石材的装饰效果，但是没有天然石材危害健康的辐射性，是替代天然石材较好的瓷制产品。

玻化砖又称全瓷砖，它的出现是为了解决抛光砖出现的易脏问题。玻化砖与抛光砖类似，但是制作要求更高，要求压机更好，能够压制更高的密度，同时烧制温度更高的玻化砖具有高光度、高硬度、高耐磨、吸水率低、色差少以及规格多样化和色彩丰富等优点（图 4-8）。

玻化砖、抛光砖小知识：

抛光砖表面存在微细气孔(4% ~ 5% 的闭口气孔），这些微细气孔将暴露于瓷砖表面，形成开口气孔，使得抛光砖在使用时易被污染物（如墨水、油漆、茶水等）所污染。玻化砖是一种强化版的抛光砖，它用高温烧制而成，既有抛光砖的全部优点又把抛光砖的缺点也解决了，玻化砖高温烧制后脱离了其自然属性，耐腐蚀、抗污性更强。

三、设计表达

1. 从整体来看立体感比较强。

2. 经过切割加工线条流畅，富有质感。

3. 玻化砖可以随意切割，造型多变，可以根据客户的要求任意加工成各种图形以及文字。在家居厨、卫中更可墙地通用，使得空间和谐中富于变化。开槽、切割等分割设计令规格变化丰富，空间展现自由，满足个性化的需求。

4. 玻化砖简约大方并且尺寸规格较多，可以任意切割。无论是大面积地铺贴客厅，还是小面积地铺贴厨、卫，都能带来预想不到的整体效果。

第三节　釉面砖

一、材料简介

釉面砖是砖的表面经过施釉、高温、高压烧制处理的瓷砖，这种瓷砖是由土坯和表面的釉面两部分构成的，主体又分陶土和瓷土两种。陶土烧制出来的背面呈红色，瓷土烧制的背面呈灰白色。釉面砖表面可以做各种图案和花纹，比抛光砖色彩和图案丰富，因为表面是釉料，所以耐磨性不如抛光砖。

釉面砖小知识：

釉面砖有正方形砖、长方形砖两种，正方形釉面砖有100mm×100mm、152mm×152mm、200mm×200mm，长方形釉面砖有152mm×200mm、200mm×300mm、250mm×330mm、300mm×450mm、300mm×600mm等，常用的釉面砖厚度在5mm ～ 8mm。

釉面砖施工注意事项：釉面砖吸水率大于10%，采用湿贴法施工时，充分在水里浸泡3 ～ 5小时，让砖体充分吸收水分，避免施工过程中，瓷砖吸收水泥中水分产生粘贴不牢现象。釉面砖施工完毕，结构硬化后，可采用油性美缝剂对砖缝隙美化，达到更为美观的装饰效果。

二、艺术特色

釉面砖表面经过施釉处理，色彩丰富、图案多样、光滑温润、触感柔滑，是非常精美的装饰材料。釉面砖具有平整、光洁、亮丽的表面，物体在釉面的反光成像在一定程度上延续空间视觉感，营造温润的视觉效果。釉面砖分为亮光釉面砖和亚光釉面砖两类。亮光釉面砖，营造出“干净、优雅”的装饰效果；亚光釉面砖，营造出“时尚、内涵”的装饰效果。釉面砖由于色彩图案丰富，而且防污能力强，因此被广泛使用于墙面和地面装修，以墙面为最佳（图4–9、图4–10）。

三、设计表达

1. 釉面砖比抛光砖色彩和图案丰富，因为表面是釉料，所以耐磨性不如抛光砖。

2. 釉面砖花纹图案丰富，风格比较多样，效果多变。

3. 釉面砖的表面施釉，结构强度会大很多，相对于玻化砖，釉面砖最大的优点是防渗，不怕脏，可在各类空间使用。

4. 釉面砖因表面施釉，不可现场随意切割，如有设计需求，需厂家专门设计加工成设计尺寸（图4–11、图4–12）。

图4–9　上海庭和正巨鹿路店1

图4–10　上海庭和正巨鹿路店2

图4—11　西班牙CAN PICAFORT旅行公寓1

图4—12　西班牙CAN PICAFORT旅行公寓2

第四节　微晶石

一、材料简介

简单地说，微晶石就是全抛釉基础上的升级版，是将一层3mm～5mm的微晶玻璃复合在陶瓷玻化石的表面，经二次烧结后完全融为一体的高科技产品，是新型的装饰建筑材料。近些年又推出超级微晶玉，经研究把以前那层3mm～5mm的微晶玻璃强制压缩一半，硬度加强了1.5倍，更加耐划，一般高档住宅或者酒店会所用得比较多。优势就是比石材硬度高、环保性能好、易打理，是陶瓷行业的高端产品（图4—13、图4—14）。

微晶石小知识：

根据微晶石的原材料及制作工艺，可以把微晶石分为三类：无孔微晶石、通体微晶石、复合微晶石。无孔微晶石俗称人造汉白玉，具有无气孔、无杂斑、可打磨等优良特性。通体微晶石亦称微晶玻璃，具有不褪色、不变形、强度高、光泽度高的优良特性。复合微晶石也称微晶陶瓷复合板，是将微晶玻璃复合在玻化砖表面一层3mm～5mm的新型板材，市面上常见的微晶石特指复合微晶石。

二、艺术特色

微晶石将陶瓷材料的高强度和微晶玻璃质地的细腻典雅完美地融合一体，表面色彩华贵、色泽光润、纹理丰富、装饰立体感强。微晶石是在高温下经烧结晶化而成的材料，表面光洁。微晶石其特殊的微晶结构，使得光线无论从任何角度射入，经过精细微晶微粒的漫反射，都能将光线均匀分布到任何角度，使板材形成柔和的玉质感，比天然石材更为晶莹柔润，使空间效果更加流光溢彩、丰富多变（图4—15、图4—16）。

三、设计表达

1. 微晶石特殊的晶体结构，表面晶莹剔透、质地细腻，对于射入光线能产生扩散漫反射效果，使空间效果柔美和谐。

2. 微晶石产品丰富多彩，色彩均匀，能弥补天然石材色差大的缺陷，广泛应用于酒店、会所、别墅等高级场所装修。

3. 微晶石艺术纹样在陶瓷砖上靠丝网印刷、喷墨打印等现代印刷工艺打印上去，表层覆盖的微晶玻璃加强了这些花纹的立体和光

图4—13 义乌MOMO美发会所1

图4—14 义乌MOMO美发会所2

图4—15 成都地铁18号线1

亮的视觉效果，起到了画龙点睛或锦上添花的作用。

4. 微晶石可用加热方法，制成各种设计需求的板面，特别是弧形、异形板面，可降低施工成本和资源浪费。

施工注意事项：微晶石表面光泽度高、无法打磨，且容易在切割时出现划痕，在磨边、切割、开孔时应注意保护好表面。微晶石铺贴时需留 3mm 构造缝，以缓冲基层变形应力，缝隙采用油性美缝剂对砖缝隙美化，达到更为美观的装饰效果。

图4—16 成都地铁18号线2

第五节 其他瓷砖

一、陶瓷薄板

陶瓷薄板（简称薄瓷板）是一种由高岭土、黏土和其他无机非金属材料成型，经 1200℃ 高温煅烧等生产工艺制成的板状陶瓷制品。薄瓷板秉承无机材料的优势性能，摒弃石材、水泥制板、金属板等传统无机材料厚重、高碳的弊端，材料达到 A1 级防火级别，完全满足日趋严格的设计、使用防火要求。化工色釉与天然矿物经 1200℃ 高温烧成，可实现天然石材等各种材料 95% 的仿真度，具有质感好、不掉色、不变形、色泽丰富的特点。

薄瓷板多种尺寸满足空间设计需求，最高可实现 3600mm，实现空间设计整体性，呈现震撼的视觉效果。薄瓷板有仿大理石纹理、金属质感、木纹、布纹等艺术效果，满足空间设计千变万化的装饰需求。

薄瓷板厚度最低可做到 5mm，大大降低板材重量，方便材料施工，降低人工成本。同时安装粘贴厚度约为 5mm，整体厚度仅为 10mm，大大拓展了建筑空间，提高了空间利用率。

薄瓷板施工采用湿铺法：

地面工艺流程：基层处理→弹线分格→材料制备→薄板粘贴面清理→黏结剂施工→面材背涂→面材铺贴→平整度调整→表面清洁及保护。

墙面工艺流程：基层处理→弹线分格→材料制备→薄板粘贴面清理→黏结剂施工→薄板背涂→薄板铺贴→表面清洁及保护。

二、软瓷砖

软瓷砖区别于传统瓷砖的就是它的质地。软瓷砖质地柔软，摸上去就像牛皮，花纹突出，立体感强。软瓷砖主要是把柔性元素加入到瓷砖中，改变了传统瓷砖的冰冷坚硬质感，更加柔性更加温馨。脚感温和舒适，

图4-17　佛山Gotlot咖啡店1

图4-18　佛山Gotlot咖啡店2

图4-19　京都ENSO ANGO酒店

图4-20　纽约Lost and Found展览1

图4-21　纽约Lost and Found展览2

非常适宜赤足行走，可有效缓解脚部疲劳；具有消音功能；防冲击吸收性能优越，贴心保护人体安全；特别有利于儿童骨骼成长和老年人膝关节保护；弯曲自如，便于施工（图4-17～图4-21）。

软瓷砖可以设计为多种颜色和纹理，比如木纹和木质系列，就可作为实木地板的替代品。目前正在研发软瓷壁纸，其厚度可做到跟壁纸一样薄，在图案花色上也能做到选择多样，还能做仿皮家具，如皮纹的餐桌、汽车坐垫等，因为陶瓷的特性，不会像真皮坐久了发热。

软瓷砖施工有别于常规瓷砖，采用胶粘方法施工。施工前需检查粘贴基层平整度，有无起砂或粉尘情况。铺贴时，用胶滚筒或胶刮从上到下、从左到右抹平、压实，确保软瓷砖和基层之间的粘贴面积达到100%，防止空鼓产生。

第六节　陶瓷工艺构造

瓷砖在装饰材料中，质地偏重，施工和石材类似，墙面多采用湿贴法、湿挂法、干挂法，地面多采用干铺法。瓷砖属性与石材类似，在装饰施工中，工艺构造做法同石材工艺构造。

墙面工艺流程——湿贴法：

基层处理→吊直、套方→放线、排版→粘贴砂浆→贴通体砖→勾缝→清理→成品保护。

施工注意事项：此方法适用于砖块面积小、重量轻的墙面铺贴时使用。如墙面、阴阳角垂直或水平度超过30mm，需进行墙面基层找平施工处理，再执行上述工艺流程。

墙面工艺流程——湿挂法：

基层处理→吊直、套方→放线、排版→墙体预埋横筋或立筋→钢丝将石材与立筋或横筋固定→灌浆→硬化清理→成品保护。

施工注意事项：此方法适用于砖块面积适中、重量适中的墙面铺贴时使用，铺贴中如墙面基层不平整高低差超过 30mm，需对墙面找平后方可执行上述工艺流程，同时石材背面需预先开固定孔。

墙面工艺流程——干挂法：

基层处理→放线、排版→墙体预埋固定件→钢架固定→干挂件安装→石材固定→清理→成品保护。

施工注意事项：此方法适用于砖块面积大、重量重的墙面铺贴时使用，铺贴中如墙面基层为空心砖、轻质材料时，墙面需做对栓螺栓固定镀锌钢板，不能使用膨胀螺栓，同时需做槽钢竖向骨架支撑，方可执行上述工艺流程。

地面工艺流程—干铺法：

基层处理→放线、排版→ 1 ：3 干性水泥砂浆找平→刷抹水泥浆→贴通体砖→勾缝→清理→成品保护。

施工注意事项：如地面水平高低差超过 30mm，需进行地面基层找平施工处理，再执行上述工艺流程。

第七节　陶瓷前沿应用案例赏析

图 4–22 ～图 4–32 为陶瓷应用优秀案例。

图4–22　瓷砖与木地板拼搭设计1

图4–23　瓷砖与木地板拼搭设计2

图4–24　瓷砖与木地板拼搭设计3

图4–25　新中源陶瓷郑州未来店1

图4-26 新中源陶瓷郑州未来店2

图4-27 新中源陶瓷郑州未来店3

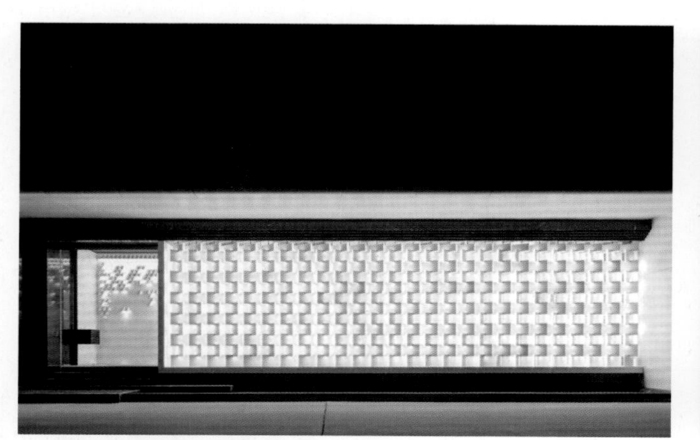
图4-28 无锡罗浮宫陶瓷展馆1

图4-29 无锡罗浮宫陶瓷展馆2

图4-30 无锡罗浮宫陶瓷展馆3

图4-31 TEMGOO天古陶瓷展示体验馆1

图4-32 TEMGOO天古陶瓷展示体验馆2

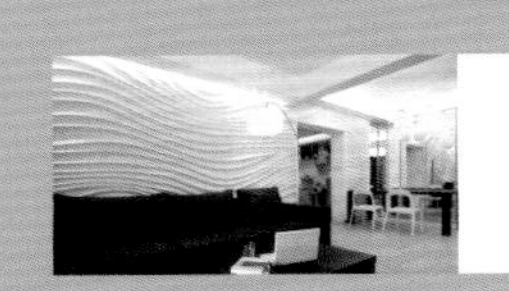

「_ 第五章　石膏」

第五章　石膏

石膏是单斜晶系矿物，主要化学成分为硫酸钙的水合物（图 5–1）。石膏一般呈白色或无色透明，当含有杂质时，呈灰褐、黄等颜色（图 5–2）。我国是石膏制品生产和销售大国，石膏矿产资源储量丰富，已探明的各类石膏总储量约为 570 亿吨，居世界首位。分布于 23 个省、市、自治区，其中储量超过10亿吨的有山东、内蒙古、青海、湖南、湖北等地区。

石膏是一种用途广泛的工业材料和建筑材料，可用于水泥缓凝剂、石膏建筑制品、模型制作、医用食品添加剂、硫酸生产、纸张填料、油漆填料等。石膏可塑性强，产品具有易加工、质轻、环保、无放射性污染、施工快捷等优良特性。石膏产品的微孔结构和加热脱水性，使之具有出色的隔音、隔热和防火性能，广泛应用于建筑与空间装饰。

在室内装饰领域，石膏装饰材料主要有石膏板（图 5–3）、矿棉板（图 5–4）和 GRG（图 5–5）等产品类型，尤其是以 GRG 为代表的石膏产品，应用在一些异形、曲线及一体化设计为主的空间环境中有不可替代的优势，是在造型美学上突出的建材制品。

图5–1　天然石膏1

图5–2　天然石膏2

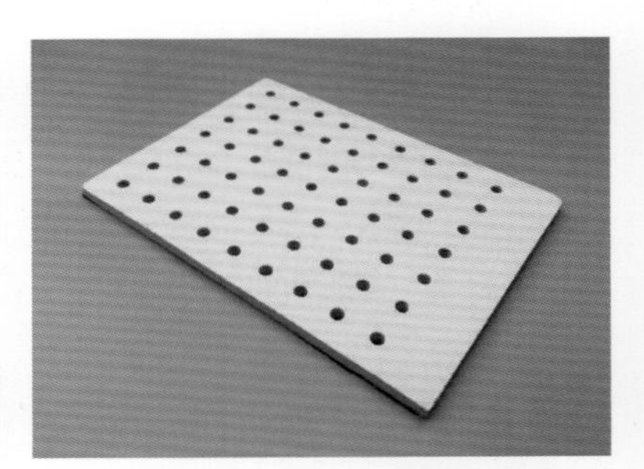

图5–3　石膏板

图5–4　矿棉板

图5–5　GRG

第一节　石膏板

一、材料简介

石膏板是以石膏为主要原料制成的一种材料。它是一种质量轻、强度较高、厚度较薄、加工方便以及隔音绝热和防火等性能较好的建筑材料，是当前着重发展的新型轻质板材之一。

石膏板已广泛用于生活空间和工业厂房等各种建筑物的内隔墙、天花板等各种装饰板。石膏板主要有纸面石膏板、无纸面石膏板、装饰石膏板、纤维石膏板、石膏吸音板、矿棉板、耐火纸面石膏板、耐水纸面石膏板等。

1. 纸面石膏板

纸面石膏板是以石膏料浆为夹芯，两面用纸作护面而成的一种轻质板材。纸面石膏板质地轻、强度高、防火、防蛀、易于加工。普通纸面石膏板用于内墙、隔墙和吊顶。纸面石膏板是目前室内装饰吊顶最主要的装饰材料（图 5–6）。

2. 无纸面石膏板

无纸面石膏板是一种性能优越的代木板材，以建筑石膏粉为主要原料，以各种纤维为增强材料的一种新型建筑板材。是继纸面石膏板取得广泛应用后，又一次开发成功的新产品。由于外表省去了护面纸板，因此，应用范围除了覆盖纸面石膏板的全部应用范围外，还有所扩大，其综合性能优于纸面石膏板。

3. 装饰石膏板

装饰石膏板是以建筑石膏为主要原料，掺加少量纤维材料等制成的有多种图案、花饰的板材，它是一种新型的室内装饰材料。特别是新型树脂仿型饰面防水石膏板板面覆以树脂，板材强度高、耐污染、易清洗，可用于装饰墙面，做护墙板及踢脚板等（图 5–7）。

4. 纤维石膏板

纤维石膏板是以建筑石膏为主要原料，并掺加适量纤维增强材料制成。这种板材的抗弯强度高于纸面石膏板，可用于内墙和隔墙，也可代替木材制作家具（图 5–8）。

5. 石膏吸音板

石膏吸音板是在石膏板上开孔眼，在石膏板背面粘贴具有透气性的背覆材料和能吸收入射声能的吸声材料等。吸声机理是材料内部有大量微小的连通孔隙，声波沿着这些孔隙可以深入材料内部，与材料发生摩擦作用将声能转化为热能，具有良好的吸音性能。常用于影剧院、音乐厅、演播室、体育馆等有声学要求的空间场馆（图 5–9）。

图5–6　纸面石膏板

图5–7　装饰石膏板

图5–8　纤维石膏板

图5–9　石膏吸音板

图5–10　矿棉板

图5–11　耐火纸面石膏板

6.矿棉板

矿棉板一般指矿棉装饰吸声板，是以矿物纤维为主要原料，加适量的添加剂，经配料、成型、干燥、切割、压花、饰面等工序加工而成的。有针孔花纹矿棉板、喷砂矿棉板、浮雕立体矿棉板、条形花纹矿棉板等。矿棉板具有吸声、不燃、隔热、装饰等优越性能，广泛应用于各种室内吊顶（图5—10）。

7.耐火纸面石膏板

耐火纸面石膏板是在石膏中添加特殊防火材料制成的板材。这种板材在发生火灾时，在一定长的时间内保持结构完整，从而起到延缓石膏板坍塌、阻隔火势蔓延、延长防火时间的作用。该板在生产过程中加入玻璃纤维和其他添加剂，在遇火时能够有效地起到增强板材完整性的作用。用于防火等级较高的室内空间装饰（图5—11）。

8.耐水纸面石膏板

耐水纸面石膏板是在石膏芯材里加入定量的防水剂，使石膏本身具有一定的防水性能。此外，石膏板纸亦用防水处理，所以这是一种比较好、具有更广泛用途的板材。但此板不可直接暴露在潮湿的环境，也不可直接进水长时间浸泡。经过防水处理的耐水纸面石膏板可用于湿度较大的房间墙面，卫生间、厨房、浴室顶面等（图5—12）。

二、艺术特色

石膏板表面平整，易于制作加工，板与板之间通过石膏结料可牢固地黏结在一起，形成无缝结构，建筑装饰效果好。可制作精美空间小造型，也可塑造空间大块面的装饰效果。石膏板表面附着力强，可以滚刷，不用颜色涂料、漆料进行装饰设计，也可贴艺术壁纸、皮革等纤维材料，塑造空间艺术氛围。

装饰石膏板具有雕塑立体感，兼具艺术雕刻形式美感，饰面仿型花纹，其色调图案逼真，新颖大方，是空间的点睛装饰材料（图5—13、图5—14）。

石膏吸音板有良好的声学性能，表面多样、美观的穿孔模式和连续无缝的均匀表面赋予设计师完全自由的创作空间和仅靠块状吊顶板无法达到的装饰效果。石膏吸音板具有独特的“呼吸”性能，因而具有调节室内湿度的能力，使居住舒适、自然。

矿棉吸声板表面处理形式丰富，喷砂、覆膜、浮雕立体、条形花纹等各种饰面造型营造出不同的空间效果，具有较强的装饰性（图5—15）。

三、设计表达

1.轻质：用石膏板做隔墙，重量仅为同等厚度砖墙的1/15，砌块墙体的1/10。用石膏板做吊顶，加轻钢龙骨吊顶总重量也仅为12kg/m～26kg/m，有利于结构抗震，并可有效地减少基础及结构主体造价。

2.保温隔热：石膏板板芯60%左右是微小气孔，因空气的导

图5—12　耐水纸面石膏板

图5—13　装饰石膏板1

图5—14　装饰石膏板2

热系数很小，所以具有良好的轻质保温性能。

3. 防火性能：石膏芯本身不燃，且遇火时在释放化合水的过程中会吸收大量的热，延迟周围环境温度的升高，因此，纸面石膏板具有良好的防火阻燃性能。经国家防火检测中心检测，纸面石膏板隔墙耐火极限可达 4 小时，是 A1 级防火材料。

4. 隔音性能：采用单一轻质材料，如加气砼、膨胀珍珠岩板等构成的单层墙体其厚度很大时才能满足隔声的要求，而纸面石膏板隔墙具有独特的空腔结构，具有很好的隔声性能。

5. 装饰功能：纸面石膏板表面平整，板与板之间通过接缝处理形成无缝表面，表面可直接进行装饰。

6. 绿色环保：纸面石膏板采用天然石膏及纸面作为原材料，绝不含对人体有害的石棉。

四、工艺构造

石膏板做隔墙、吊顶材料，需预制基层骨架，常用基层骨架为轻钢龙骨、木龙骨两类（图 5-16）。

墙面工艺流程（以乳胶漆饰面为例）：

基层处理→放线→龙骨制作→石膏板安装→填缝处理→满批腻子→打磨→清理→其他界面保护→刷底漆→刷面漆→成品保护（图 5-17）。

吊顶工艺流程（以乳胶漆饰面为例）：

基层处理→放线→龙骨制作→石膏板安装→填缝处理→满批腻子→打磨→清理→其他界面保护→刷底漆→刷面漆→成品保护（图 5-18）。

图5-15　矿棉吸声板

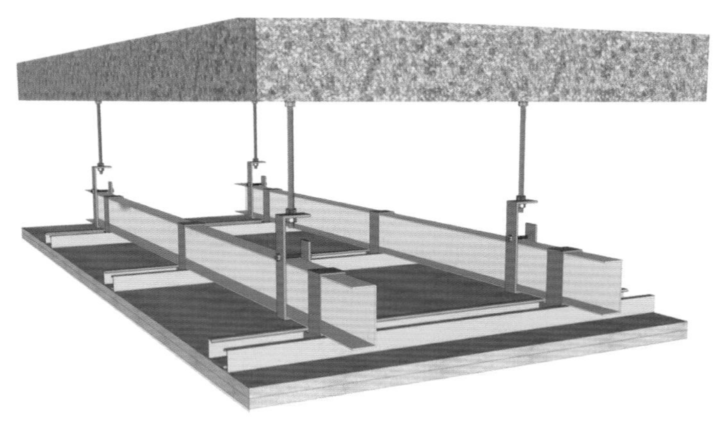

图5-16　工艺构造

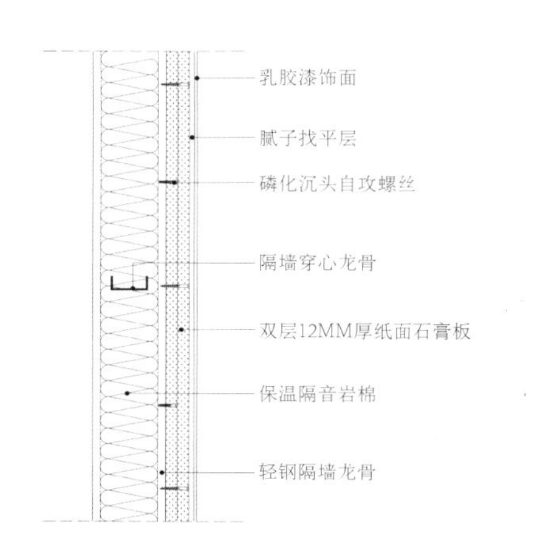

图5-17　墙面工艺构造图

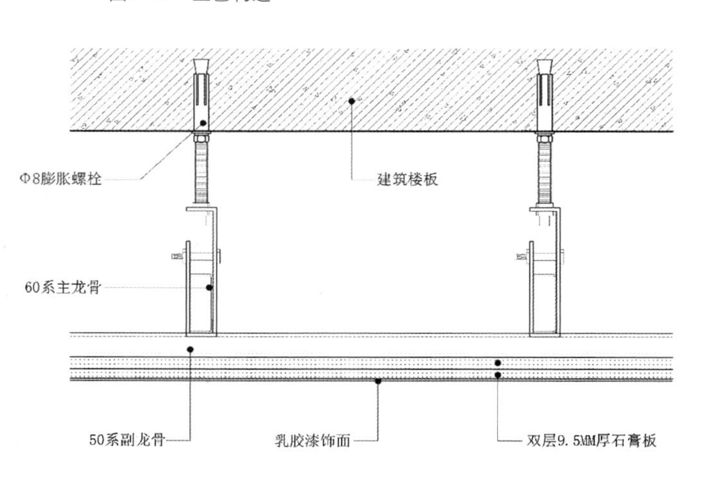

图5-18　吊顶工艺构造图

第二节 玻璃纤维增强石膏板

一、材料简介

玻璃纤维增强石膏板，英文名：GlassFiber Reinforced Gypsum，简称GRG。它是一种特殊改良纤维石膏装饰材料，造型的随意性使其成为追求个性化的设计师的首选，它独特的材料构成方式足以抵御外部环境造成的破损、变形和开裂。此种材料可制成各种平面板、各种功能型产品及各种艺术造型，是目前国际上建筑材料装饰界最流行的更新换代产品（图 5–19）。

二、艺术特色

GRG，可以无限满足设计师的创造欲望。采用预铸式加工工艺的GRG 产品可以定制单曲面、双曲面、三维覆面等各种几何形状、镂空花纹、浮雕图案等任意艺术造型，充分发挥设计想象。

在GRG 的设计创作世界里，设计师可以突破任何结构、力学、物理性能等限制，随心所欲地创作可以表达设计理念的各类造型，是一款真正为设计而存立的装饰材料（图 5–20）。

GRG 产品不同于普通石膏板，接缝处容易开裂。GRG 艺术造型，厂家分段生产，现场安装，可用 GRG 原材料进行现场修补接缝，通过表面处理可实现视觉无缝化、整体化，装饰效果显著（图 5–21）。

三、设计表达

1. 无限可塑性：产品根据工程项目的图纸转化成生产图，先做模具，再采用流体预铸式生产方式，可以做成任意造型。

2. 呼吸可调节：GRG 板是一种有大量微孔结构的板材，在自然环境中，多孔结构可以吸收与释放空气中的水分，这种释放和呼吸就形成了“呼吸”作用。这种吸湿与释湿的循环变化起到调节室内相对湿度的作用，给工作和居住环境创造一个舒适的小气候。

3. 质轻强度高：GRG 产品平面部分的标准厚度为 3.2mm ~ 8.8mm（特殊要求可以加厚至 15mm），每平方米重量仅 4.9kg ~ 9.8kg，能减轻主体建筑重量及构件负载。GRG 产品强度高，断裂荷载大于 1200N，超过国际 JC/T799—1998(1996) 装饰石膏板断裂荷载 118N 的 10 倍。

4. 声学效果好：检测表明，4mm 厚的 GRG 材料，透过 500Hz 23d\100Hz 27db；气干比重 1.75，符合专业声学反射要求。经过良好的造型设计，可构成良好的吸声结构，达到隔声、吸音的作用。

四、工艺构造

GRG 设计造型多为独特的曲面造型，工艺构造相对复杂。可在金属基层构架的基础上进行升级设计，具体工艺流程如下。

墙面工艺流程（以乳胶漆饰面为例）：

基层处理→放线→金属骨架制作→干挂件安装→ GRG 安装→

图5–19 长沙美术馆

图5–20 The Sound That Light Makes Alexander Knox

图5–21 GrandTheatre

填缝处理→满批腻子→打磨→清理→其他界面保护→喷底漆→喷面漆→成品保护。

吊顶工艺流程（以乳胶漆饰面为例）：

基层处理→放线→金属骨架制作→吊筋连接件安装→GRG安装→填缝处理→满批腻子→打磨→清理→其他界面保护→喷底漆→喷面漆→成品保护。

第三节　艺术石膏

一、材料简介

艺术石膏装饰制品是室内设计环境中主要的装饰材料之一，对空间装饰效果有画龙点睛的作用，提升空间艺术性。主要有石膏线条、石膏浮雕、石膏砌块等（图5–22）。

1.石膏线条

石膏线条是石膏制品的一种，主要包括角线、平线、弧线等。原料为石膏粉，通过和一定比例的水混合灌入模具并加入纤维增加韧性，可带各种花纹，其主要安装在天花以及天花板与墙壁的夹角处，其内可经过水管电线等。石膏线条实用美观，价格低廉，并能起到豪华的装饰效果。

2.石膏浮雕

石膏浮雕可以做成不同类型的艺术石膏作品，有石膏壁画、石膏罗马柱、石膏灯盘、石膏花角等各类石膏装饰艺术品。常用的制作方法为翻模制作，可在黏土、油泥、木板等材料上雕刻成型，浇筑石膏，制作成石膏阴模。待阴模干燥后，在其表面涂刷隔离油膜，再浇筑石膏成型。

3.石膏砌块

石膏砌块，是以石膏为主要原材料，经加水搅拌、浇注成型和干燥制成的轻质建筑石膏制品，分为石膏实心砌块和石膏空心砌块。在石膏芯材里加入定量的防水剂，生产的石膏砌块具有防潮功能，可在湿气较大的空间使用。

二、艺术特色

石膏线条精美变化可为空间赋予灵动的装饰意境，空间塑造或典雅或奢华。石膏浮雕有着古典艺术风格，保留了文艺复兴时期以来欧洲非常纯正的装饰样式（图5–23）。

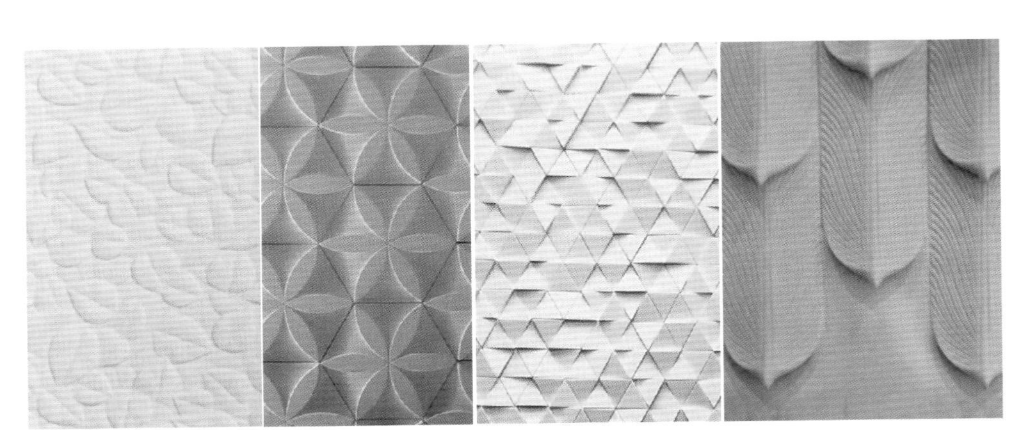

图5–22　艺术石膏

图5–23　艺术石膏——亚特兰蒂斯酒店1

图5-24 艺术石膏——亚特兰蒂斯酒店2

三、设计表达

1. 石膏线条用于墙面、顶面及天花与墙面的阴角处，使空间界面层次更加丰富、细腻。

2. 石膏浮雕与石膏线条结合使用，提升空间装饰的层次与意境，以塑造雍容华贵、精美奢华的空间效果（图 5-24）。

四、工艺构造

石膏线条和石膏浮雕可用石膏粉添加上石膏线专用的粘贴胶水，搅拌匀称，涂抹在石膏线条或石膏浮雕背面，安装在设计部位。

石膏砌块施工与建筑墙体砌砖类似，用专用石膏粘贴剂粘贴堆砌，需在石膏砌块置入横筋，横筋入墙体至少 35mm，以确保墙体拉力，保证墙面安全。

第四节 石膏前沿应用案例赏析

图 5-25 ~ 图 5-33 为石膏应用优秀案例。

图5-25 韩国国立现代美术馆1

图5-26 韩国国立现代美术馆2

图5-27 韩国国立现代美术馆3

图5-28 天津滨海图书馆1

图5-29 天津滨海图书馆2

图5-30 天津滨海图书馆3

图5-31 天津滨海图书馆4

图5-32 天津滨海图书馆5

图5-33 长沙美术馆

「第六章　玻璃」

第六章　玻璃

玻璃小知识：

世界最早的玻璃制造者为古埃及人，距今已有四千多年的历史。

三千多年前，欧洲腓尼基人开着满载晶体矿物“天然苏打”的商船遭遇搁浅，于是他们停靠沙滩，把“天然苏打”作为大锅的支架，点燃木柴，做起饭来。走之前，他们发现沙地上有些闪光物质。研究后发现晶体矿物会在燃烧后与石英砂发生化学反应而产生闪光的物质，这就是最早的玻璃。

12 世纪，出现了商品玻璃，并开始成为工业材料。

18 世纪，为适应制望远镜的需要，制出光学玻璃。

1874 年，比利时首先制出平板玻璃。

1906 年，美国制出平板玻璃引上机，此后，玻璃开始工业化和规模化地生产，各种用途和各种性能的玻璃相继问世。

现代，玻璃已成为日常生活、生产和科学技术领域的重要材料，在装饰设计上，玻璃成为不可或缺的艺术装饰材料。本章节对装饰设计常用玻璃展开详细学习。

第一节　玻璃基础知识

一、玻璃概述

玻璃是非晶无机非金属材料，一般是以石英砂、纯碱、长石和石灰石等为主要原料，经熔融、成型、冷却固化，另加入少量辅助原料而制成的。它的主要成分为二氧化硅和其他氧化物，广泛应用于建筑物，用来隔风透光（图 6–1）。有色玻璃是在原料里加入某些金属的氧化物或者盐类而显现出颜色，有时把一些透明的塑料（如聚甲基丙烯酸甲酯）也称作有机玻璃（图 6–2）。

玻璃有其他材料无法比拟的优秀装饰效果，经过深加工的玻璃更具有出色的空间表现力。除具有初始的采光效果，深加工后的玻璃具有调节透明度、调节温度、防止噪声和增强建筑艺术装饰效果等功能（图 6–3、图 6–4）。

二、玻璃分类

按生产工艺分：玻璃简单分类主要分为平板玻璃和深加工玻璃。平板玻璃主要分为三种，即引上法平板玻璃（分有槽／无槽两种）、平拉法平板玻璃和浮法玻璃。由于浮法玻璃厚度均匀、上下表面平整平行，再加上劳动生产率高及利于管理等方面的因素影响，浮法玻璃正成为玻璃制造方式的主流（图 6–5）。玻璃品种众多，除常见透明玻璃外，其他均为深加工玻璃，如喷砂玻璃、烤漆玻璃、印刷玻璃、玻璃砖、钢化玻璃、调光玻

图6–1　普通玻璃

图6–2　有色玻璃

图6–3　罗浮宫金字塔1

璃等（图 6–6）。

按成分分：玻璃通常按主要成分分为氧化物玻璃和非氧化物玻璃。非氧化物玻璃品种和数量很少，主要有硫系玻璃和卤化物玻璃，主要用于工业设备生产特殊用途玻璃。氧化物品种多，用途广，装饰上采用的玻璃基本是此类成分生产的玻璃。

按使用特性分：玻璃可分为功能玻璃、艺术玻璃、特种玻璃（图 6–7）。功能玻璃有清玻璃、白玻璃、镜面玻璃、夹层玻璃等（图 6–8）；艺术玻璃有喷砂玻璃、烤漆玻璃、彩釉玻璃、印刷玻璃等（图 6–9）；特种玻璃有钢化玻璃、玻璃砖、防弹玻璃、防火玻璃、调光玻璃等（图 6–10）。

三、玻璃性能特征

与其他材料相比，玻璃具有自身的特点，它透明、易碎、易于加工成各种造型，具有很好的耐腐蚀性，易于制成多种彩色玻璃，还可以调节透明度等。与其他装饰材料对比，玻璃具有以下典型特征。

1．光学性：透明玻璃有极佳的透光性，常规厚度清玻璃透光性均在 80% 以上。

2．艺术性：玻璃经过深加工，呈现出色彩丰富、光彩夺目、独具匠心的艺术效果。

3．物理性：玻璃稳定性高，在折射率、硬度、弹性模量、热膨胀系数、导热率、电导率等方面都是相同的。

4．化学性：玻璃具有较高的化学稳定性，能抵抗酸、碱各类有害物质侵蚀。

四、应用范围

玻璃自出现以来，主要被用作采光材料使用，多用于建筑门窗。随着新技术、新工艺的发展，玻璃深加工技术越来越丰富、成熟，玻璃用途也更为广泛。

1．采光。玻璃作为采光材料使用，还是现阶段应用范围最广的一种使用方式，主要用于建筑外立面窗户（图 6–11）。

2．保温。双层或多层中空玻璃，除保持良好的光学性能，还具有保温、隔热、隔声等性能（图 6–12）。

3．装饰。各类艺术玻璃的出现，开辟玻璃的另一个用途。在室

图6–4　罗浮宫金字塔2

图6–5　浮法玻璃

图6–6　印刷玻璃

图6–7　艺术玻璃

图6–8　镜面玻璃

图6–9　彩釉玻璃

图6–10　调光玻璃

图6–11　Powerhouse Telemark能源大楼

图6–12　白虎头村老宅改造

图6–13　上海玻璃博物馆

图6–14　玻璃屋，意大利

内装饰上，艺术玻璃成为空间设计的亮点（图 6–13）。

4. 空间调节。调光玻璃出现使空间隔墙有了新的处理方法，玻璃不再是一成不变的装饰，它已演变为可在透明与不透明之间自由调节（图 6–14）。

第二节　功能玻璃

一、材料简介

功能玻璃是基于玻璃透光特性，在装饰使用上主要起空间采光、构筑安全等作用的各类玻璃总称，功能性作用大于装饰性作用。功能玻璃根据功能特性可分清玻璃、超白玻璃、夹层玻璃、镜面玻璃等。常用于建筑门窗、玻璃屋面、栏杆、隔墙等部位，增加空间采光性。

清玻璃与超白玻璃：

清玻璃用处最广、最多，生活中常见玻璃都属于清玻璃范围。清玻璃外观看上去泛绿，少数泛蓝。普通清玻璃的透光率平均略高于 80%。

超白玻璃是一种特殊的清玻璃，是一种超透明低铁玻璃（也称低铁玻璃、高透明玻璃），它是一种高品质、多功能的新型高档玻璃品种，透光率可达 91.5% 以上，有玻璃家族“水晶王子”之称，可进行各种设计深加工（图 6–15）。

夹层玻璃：

夹层玻璃属于玻璃的深加工产品，多数使用清玻璃作为原材料加工。

夹层玻璃是在两层玻璃之间夹一层透明功能膜，将两面玻璃牢固地粘连在一起，经过特殊的高温预压（或抽真空）及高温高压工艺处理后，使玻璃和中间膜永久粘合为一体的复合玻璃产品。夹层薄膜韧性极佳，即使表面玻璃破碎，碎片也会被粘在薄膜上，防止碎片扎伤人或坠落等造成安全事故，亦被称为安全玻璃。常用的夹层玻璃中间膜有 PVB、SGP、EVA、PU 等（图 6–16）。

夹层玻璃小知识：

当夹层玻璃中间夹膜为彩色膜、印刷膜等时，夹层玻璃的装饰艺术性大于功能性，归为艺术玻璃范畴，其在艺术玻璃一节中详解。

镜面玻璃：

镜面玻璃属于特殊玻璃，镜面玻璃又称磨光玻璃，是用平板玻璃经过抛光后制成的玻璃，分单面磨光和双面磨光两种。空间设计使用时，空间较暗的一侧可以看到空间较亮的一侧，反之则看不见，常用于观察室、高档汽车玻璃、墨镜等（图6-17、图6-18）。

单面镜与双面镜辨别小知识：

单面镜是在玻璃背后镀银，光线不投射，全部反射回来，在镀银面一侧看不到对面。双面镜也称单面透视玻璃，在普通玻璃上用真空涂抹法加上一层金属铬、铝或铱的薄膜制成，这种玻璃可把投射来的光线大部分反射回去。辨别时可用指头触摸镜面，镜面反射指头之间如果有距离即为单面镜，如果反射指头之间没有距离即为双面镜。

二、艺术特色

功能玻璃透光性好，有晶莹剔透、高档典雅的装饰效果。空间使用可以增加空间的通透性，延伸空间视觉效果。功能玻璃透光性优良，将自然光线最大限度地引入室内，减少人工照明，节约能源。玻璃本身就是环保材料，没有任何污染（图6-19）。

三、设计表达

1. 玻璃厚度在5mm ~ 20mm，占用空间小，空间利用效率高。

2. 玻璃产品无污染、易清洗，只需稍稍擦拭便可光净如新。

3. 玻璃产品易加工，可以根据设计随意切割不同造型，应用于空间装饰。

4. 功能玻璃既有功能性的作用，同时也兼具一定意义的装饰功能。相对其他玻璃，功能玻璃物美价廉，被广泛应用于装饰各类空间。

四、工艺构造

玻璃安装工艺，根据不同设计有诸多工艺构造。玻璃虽薄，但其密度大，质量重，安全性是第一保证。

1.隔墙工艺构造

玻璃作为隔墙使用时，工艺构造最为复杂。需根据玻璃面积、厚度做不同的工艺调整（图6-20）。

工艺流程：

基层处理→放线→钢架基层制作→木质基层施工→安装玻璃夹→胶垫、胶皮→玻璃安装固定→面层施工→清理→成品保护。

施工小常识：

如玻璃隔墙面积较小、高度较低，基层可以采用木方安装固定，交界处采用胶垫或胶皮保护安装即可。现有成品玻璃隔断技术成熟，安装方便且效果更为精美，除局部小隔墙外，空间隔墙多采用成品玻璃隔断安装（图6-21）。

图6-15　罗浮宫金字塔

图6-16　克里特岛海滨住宅，希腊

图6-17　袋鼠谷户外独立浴室1，新南威尔士

图6–18 袋鼠谷户外独立浴室2，新南威尔士

图6–19 无锡罗浮宫陶瓷展馆

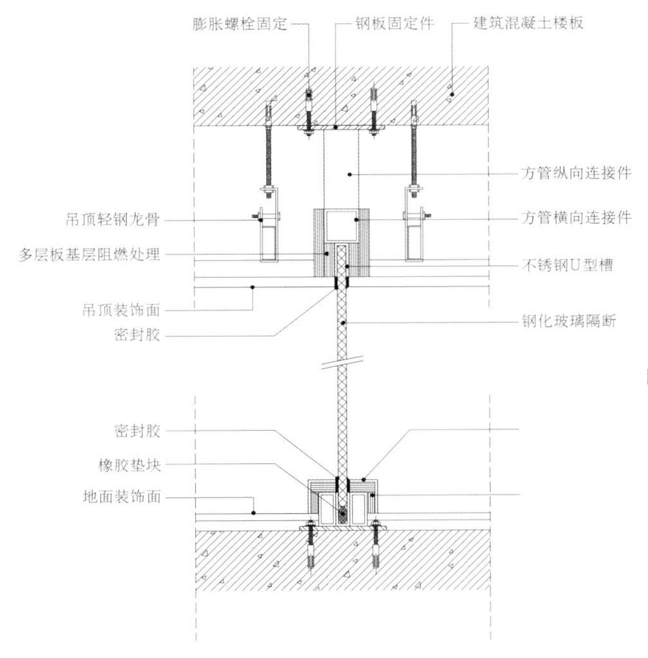

图6–20 玻璃隔断隔墙工艺构造图

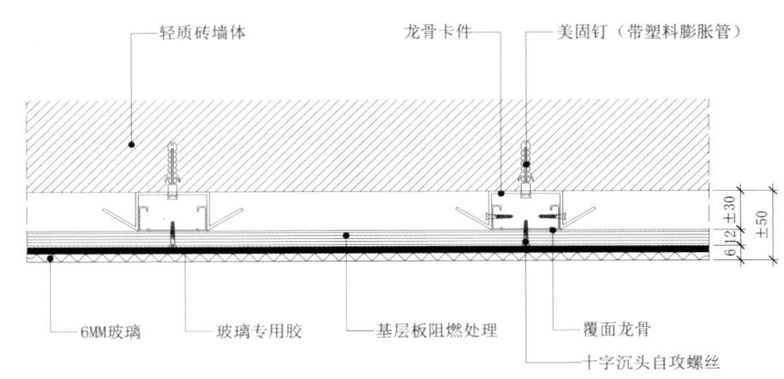

图6–21 玻璃饰面墙面工艺构造图（横剖）

2.其他部位工艺构造

工艺流程：

基层处理→放线→木质基层施工→安装玻璃夹→胶垫、胶皮→玻璃安装固定→面层施工→清理→成品保护。

施工小常识：

如玻璃面积较大，需在接触面安装玻璃夹，加强构造牢固度，保证安全。如玻璃面积较小，可直接采用胶粘法，将基层处理平整，在接触面用胶联结即可。

第三节 艺术玻璃

一、材料简介

艺术玻璃是在功能玻璃基础上的深加工产品类型，通过喷砂、烤漆、贴膜、印刷等方式，在原有清玻璃的基础上，进行装饰设计，从而产生具有装饰性的艺术玻璃。艺术玻璃在空间使用上，装饰性优于功能性，故亦称装饰玻璃。艺术玻璃主要分为：喷砂／烤漆玻璃、热熔玻璃、彩釉玻璃、彩绘玻璃、夹层艺术玻璃、印刷玻璃等。通常用于空间墙面装饰、移门隔断、艺术屏风、家具等部位。

喷砂／烤漆玻璃：

喷砂玻璃，是以水混合金刚砂，高压喷射在玻璃表面，以此对其打磨的一种工艺。可与电脑刻花机配合使用，深雕浅刻，形成光彩夺目、栩栩如生的艺术精品。喷砂玻璃用高科技工艺使平面玻璃的表面造成侵蚀，从而形成半透明的雾面效果，具有一种朦胧的美感。

烤漆玻璃，是一种极富表现力的装饰玻璃品种，可以通过喷涂、滚涂、丝网印刷或者淋涂等方式来体现。根据制作的方法不同，一般分为油漆喷涂玻璃和彩色釉面玻璃。油漆喷涂的玻璃色彩艳丽，多为单色或者用多层饱和色进行局部套色，附着力不强，常用在室内。彩色釉面玻璃分为低温彩色釉面玻璃和高温彩色釉面玻璃，附着力高于油漆喷涂玻璃（图6–22）。

喷砂／烤漆玻璃小知识：

喷砂玻璃表面有磨砂感，亚光饰面，具有朦胧的意境效果；烤漆玻璃表面光滑鲜亮，营造出青春、活泼，具有动感的空间意境。

热熔玻璃：

热熔玻璃又称水晶立体艺术玻璃或称熔模玻璃，是将平板玻璃烧熔，凹陷入模成型，使平板玻璃加工出各种凹凸有致、颜色各异的艺术化玻璃。热熔玻璃突破玻璃原始形态，把现代或古典的艺术形式融入玻璃之中，图案丰富、立体感强，形成独特的装饰效果，满足了人们对装饰风格多样和美感的追求（图6–23）。

彩釉玻璃：

彩釉玻璃是将无机釉料印刷到玻璃表面，然后经烘干、钢化或热化加工处理，将釉料永久烧结于玻璃表面而得到一种耐磨、耐酸碱的装饰性玻璃产品，这种产品具有很高的功能性和装饰性。彩釉玻璃的彩釉面通常不能位于室外的表面，最好位于中空玻璃的密封腔内或夹层玻璃的室内面。这对彩釉也是一种保护（图6–24）。

彩绘玻璃：

彩绘玻璃是一种应用广泛的高档玻璃品种。它是用特殊颜料直接着墨于玻璃上，或者在玻璃上喷雕成各种图案再加上色彩制成的，可逼真地对原画复制，而且画膜附着力强，可进行擦洗。根据设计需求，可将绘画、色彩、灯光融于一体，如复制山水、风景、海滨丛林画等。常用于空间主题墙面，突出空间艺术性（图6–25）。

夹层艺术玻璃：

夹层艺术玻璃是夹层玻璃的深加工产品，有彩色中间膜夹层玻璃、SGX类印刷中间膜夹层玻璃、XIR类LOW–E中间膜夹层玻璃等，以及内嵌装饰件（金属网、金属板等）夹层玻璃、内嵌PET材料夹层玻璃等装饰及功能性夹层玻璃。夹层艺术玻璃根据中间夹层的样式不同有不同的产品种类，如夹丝玻璃、夹绢玻璃、图案玻璃、裂纹玻璃等。夹层玻璃是艺术玻璃最大的产品种类，也是应用最为广泛的艺术玻璃（图6–26）。

印刷玻璃：

随着数码打印技术的发展，印刷玻璃可将精美的方案精确印刷在玻璃上，比传统的丝网印刷技术更为精美，且印刷图案更为牢

图6–22　倾月酒吧，上海

图6–23　Gores Group总部办公楼，洛杉矶

图6-24　万科广州棠下泊寓

图6-25　圣索菲亚教堂

图6-26　安康图书馆

图6-27　前社Nexxus

图6-28　天悦KTV，丹东

图6-29　无锡罗浮宫陶瓷展馆

固。印刷玻璃可定制创意图案，有更强大的装饰功能，是表达时尚风格的最佳材料，已成为设计师当下最喜爱的装饰材料之一（图6–27）。

二、艺术特色

艺术玻璃属于环保材料，具有良好的光学性能和抗污染能力，是集装饰性与功能性于一体的装饰材料。艺术玻璃种类繁多，艺术特色鲜明，有良好的空间主题表达能力，或朦胧静逸，或清新典雅，或流动活泼，或雍容华贵，或时尚奢华，或风韵古朴，是装饰材料的大家族（图6–28）。

艺术玻璃的装饰性使玻璃的透光性减弱，但通过对光线的折射与反射，可以营造出梦幻、时尚、隐蔽、朦胧、奢华的空间效果，是设计师及业主的热门选择材料（图6–29）。

三、设计表达

艺术玻璃种类繁多，空间设计使用时，需根据玻璃性能特征正确选择恰当的艺术玻璃进行装饰设计。

1. 烤漆、喷砂、彩釉、彩绘、印刷玻璃等，因是在玻璃表面进行艺术深加工，由于工艺限制，会出现装饰面层剥落现象，尽可能避免水分较多的空间使用。

2. 艺术玻璃如在水分较多空间使用，需选择加工精度较高、有品质保证的厂商产品。

3. 在有油污的空间使用时，玻璃装饰面最好封闭，避免出现难清理现象。

4. 艺术玻璃做空间隔墙时，玻璃需钢化，且采用夹胶艺术玻璃，以保证结构安全性。常用夹胶艺术玻璃尺寸为5+5，6+6，特殊尺寸特殊需求设计。

四、工艺构造

艺术玻璃安装因设计部位不同，有诸多工艺构造。有空间隔墙／隔断、空间背景墙、艺术灯具／灯盒、家具等。安装工艺构造有型材固定、胶粘固定、木质框架固定、玻璃钉固定等。玻璃砖属于特殊玻璃制品，施工工艺本教材不再赘述。

1.型材固定

做法同普通玻璃隔墙做法，详见本章第二节。

2.胶粘固定

采用此方法，常用于小面积装饰墙面或空间隔断施工，工艺流程如下。

装饰墙面：

木质基层找平处理→放线→玻璃背面抹胶→玻璃安装→表面清理→固定保护。

施工小常识：

艺术玻璃墙面采用胶粘固定时，玻璃工艺面需实现做封闭保护，避免胶水于工艺面产生化学酸蚀反应，如夹层艺术玻璃可不用考虑。

空间隔断：

基层处理→造型饰面施工→玻璃安装→正反面四周打胶→表面清理→固定保护。

施工小常识：

空间隔断胶粘固定，在人流量较少部分方可使用该方式固定。如大面积空间隔断，需采用木质框架固定工艺。

3.木质框架固定

工艺流程：

基层处理→放线→木质基层找平→木框架制作→胶垫、胶皮→玻璃安装→木框架饰面制作→表面清理→固定保护。

施工小常识：

此方法是玻璃固定的常用工艺构造，玻璃较大时，需在玻璃四周增加金属玻璃夹。大型艺术玻璃装饰墙面施工时，需采用胶粘固定及木质框架固定相结合的方法。具体工艺参考图 6–21。

4.玻璃钉固定

工艺流程：

基层找平处理→放线→玻璃钉安装→玻璃安装→表面清理→成品保护。

施工小常识：

玻璃钉固定方法，属于比较传统的工艺构造，特别是顶面设计玻璃时，为了结构更加安全，在原工艺基础上增加玻璃钉固定。使用玻璃钉时，玻璃表面会有不锈钢玻璃钉，影响装饰效果，所以现在施工中，玻璃钉很少使用。

第四节　特种玻璃

一、材料简介

特种玻璃是相对普通玻璃而言，用于特殊用途的玻璃。在室内装饰行业，常用的特种玻璃有钢化玻璃、玻璃砖、调光玻璃、防弹玻璃、防火玻璃几种。主要在对空间安全有特殊要求的装饰部位使用，其中调光玻璃因饰面具有可变化的装饰特性，越来越多地在空间界面装饰中被使用。

钢化玻璃：

钢化玻璃属于安全玻璃，使用化学或物理的方法，在玻璃表面形成压应力，从而提高了承载能力，增强玻璃自身抗风压性、耐寒暑性、抗冲击性等。当玻璃受外力破坏时，碎片会呈类似蜂窝状的钝角碎小颗粒，不易对人体造成严重的伤害。同等厚度的钢化玻璃抗冲击强度是普通玻璃的 3 ～ 5 倍，抗弯强度是普通玻璃的 3 ～ 5 倍，能承受的温差是普通玻璃的 3 倍，可承受 300℃的温差变化（图 6–30）。

玻璃砖：

玻璃砖是用透明或颜色玻璃料压制成型的块状或空心盒状，体形较大的玻璃制品。多数情况下，玻璃砖并不仅作为饰面材料使用，也可作为结构材料，作为墙体、屏风、隔断等类似功能使用。玻璃砖具备透光、隔音、防火功能，是高档空间常用的玻璃装饰材料。

目前市面上流行的玻璃砖，主要分实心玻璃砖与空心玻璃砖。实心玻璃砖通透、光洁，犹如水晶壳，亦称为水晶砖，属于高档建筑的装饰材料。空间玻璃砖的款式有透明玻璃砖、雾面玻璃砖、纹

图6-30 湟川三峡擎天玻璃桥

图6-31 上海PORTS 1961 旗舰店

图6-32 腾盛博药全球研发中心

路玻璃砖几种，玻璃砖的种类不同，光线的折射程度也会有所不同，呈现装饰效果各异（图 6-31）。

调光玻璃：

调光玻璃是将液晶膜复合进两层玻璃中间，经高温高压胶合后一体成型、带夹层结构的新型特种光电玻璃产品。使用者可通过控制电流的通断来控制玻璃的透明程度。玻璃本身不仅具有一切安全玻璃的特性，同时也兼具开放共享和隐私保护的转换功能。由于液晶膜夹层的特性，调光玻璃还可以作为投影屏幕使用，替代普通幕布，在玻璃上呈现图像（图 6-32）。

防弹玻璃：

防弹玻璃是用聚碳酸酯透明胶合材料将多片玻璃或高强度有机板材黏结在一起制成的一种复合型材料。聚碳酸酯是一种硬性透明塑料，它具有普通玻璃的外观和传送光的行为，对小型武器的射击提供一定的保护。防弹玻璃一般常被应用于一些安全要求较高的应用场所（银行、典当行、保险公司、黄金珠宝商以及其他客户要求较高的私人别墅等）（图 6-33）。

防弹玻璃的厚度在 7mm ～ 75mm，一般有以下三层结构。

①承力层：该层首先承受冲击而破裂，一般采用厚度大、强度高的玻璃，能破坏弹头或改变弹头形状，使其失去继续前进的能力。

②过渡层：一般采用有机胶合材料，黏结力强、耐光性好，能吸收部分冲击能，改变子弹前进方向。

③安全防护层：这一层采用高强度玻璃或高强透明有机材料，有较好的弹性和韧性，能吸收绝大部分冲击能，并保证子弹不能穿过此层。

防火玻璃：

防火玻璃是玻璃的特殊品种，常见防火玻璃为单片防火玻璃和复合防火玻璃。

单片防火玻璃是一种单层玻璃构造的防火玻璃，在一定的时间内保持耐火完整性，阻断迎火面的明火及有毒、有害气体，但不具备隔温绝热功效，常见为单层铯钾防火玻璃。

复合防火玻璃由两层或多层玻璃原片附之一层或多层水溶性无机防火胶夹层复合而成。火灾发生时，向火面玻璃遇高温后很快炸裂，其防火胶夹层相继发泡膨胀十倍左右，形成坚硬的乳白色泡状防火胶板，有效地阻断火焰，隔绝高温及有害气体。

防火玻璃的出现，给有防火需求的空间增加了新的装饰材料，缓解过去实墙体封堵的呆板设计模式。采用防火玻璃装饰设计，可以在防火与装饰两个层面做到完美统一。一般用于较高需求的图书阅览室、展览展示厅等（图 6-34）。

二、艺术特色

特种玻璃有别于艺术玻璃的装饰性，更多为特殊功能需求的玻璃产品。采用特种玻璃装饰，有效解决常规设计模式下，实墙体对空间采光、观赏等装饰弊端，也可以让特殊空间具有艺术观赏性。特种玻璃兼顾常规玻璃的透光性，空间采用时也会将自然光线引入室内，减少人工照明，降低能源消耗，实现绿色环保空间设计主题。调光玻璃更是在采光与私密性要求的前提下做到完美统一，带来视线的可透与遮挡，是新型科技化

图6—33　防弹玻璃

图6—34　base蓝村路

图6—35　上海玻璃博物馆

的玻璃产品，被高档办公、会议、接待空间广泛使用。

三、设计表达

1. 特种玻璃具有优秀的光学特性，同时兼备良好的装饰效果，选用时根据玻璃特性恰当选择。

2. 设计选用防火、防弹玻璃时，需严格按照国家、行业设计标准进行设计选用、施工。

3. 调光玻璃需通电方可进行光线调节，设计要考虑电源位置。

4. 玻璃砖在营造虚实空间上有独特的艺术效果，整体使用犹如一处通透的水晶墙面，点缀使用，光线投射出来犹如星光闪烁，灵动溢彩（图 6—35）。

四、工艺构造

特种玻璃工艺构造与功能玻璃、艺术玻璃工艺构造相同，具体详见第二、第三小节。

防火玻璃、防弹玻璃是空间设计最为特殊的特种玻璃，国家、行业对其设计安装有详细施工要求，具体参考国家、行业标准。

玻璃砖工艺流程：

空心玻璃砖：

测量放线→玻璃砖排列→弹好撂底砖线→调和黏结剂→安装定位支架→开始按顺序粘贴→安装 6mm 单排或双排钢筋网→顶层收头→刮去多余的黏结剂→划出缝深 8mm ~ 10mm(预留填缝位置)→干透后勾缝→成品保护。

玻璃砖墙砌筑时，玻璃砖不可直接置于地面，应做地台处理。顶面收口应采用金属型材固定，确保安全。竖筋每 3 列设置一道，横筋每 2 层设置一道，钢筋入槽口不小于 35mm，增加墙面拉力。

实心玻璃砖：

实心玻璃砖常见有磨砂面与抛光面两种，磨砂面施工方法同空心玻璃砖。抛光面玻璃砖砌筑应选用专用透明胶水粘贴，以保证施工完毕玻璃砖墙整体、透明、美观、无杂质。

第五节 玻璃前沿应用案例赏析

图 6–36 ~图 6–50 为玻璃设计优秀案例。

图6–36 香奈儿水晶屋旗舰店

图6–37 上海玻璃博物馆1

图6–38 上海玻璃博物馆2

图6–39 上海玻璃博物馆3

图6–40 obba the illusion office tower 1

图6–41 obba the illusion office tower 2

图6—42 obba the illusion office tower 3

图6—43 obba the illusion office tower 4

图6—44 SOFTlab animates one state street lobby with kaleidoscopic wall structure 1

图6—45 SOFTlab animates one state street lobby with kaleidoscopic wall structure 2

图6—46 SOFTlab animates one state street lobby with kaleidoscopic wall structure 3

图6—47 SOFTlab animates one state street lobby with kaleidoscopic wall structure 4

图6—48 The Morpheus Hotel 1

图6—49 The Morpheus Hotel 2

图6—50 The Morpheus Hotel 3

「_ 第七章　漆料」

第七章 漆料

涂料，在中国一般称为油漆。指涂覆在被保护或被装饰的物体表面，在一定的条件下能与被涂物形成牢固、附着、连续薄膜，起到保护、装饰或其他特殊功能（绝缘、防锈、防霉、耐热等）的一类液体或固体材料。主要有保护、装饰、掩饰产品的缺陷和提升产品的价值等其他特殊作用。

在室内装饰行业，按使用功能，可分为装饰性涂料、功能性涂料；按溶剂类型，可分为水溶性涂料、油性涂料；按装饰效果，可分为平涂涂料、砂壁状涂料、浮雕涂料；按使用部位，可分为墙面涂料、顶面涂料、地面涂料、外墙涂料、门窗涂料。

在室内装饰行业，涂料因其施工相对简单，容易翻新，成本低廉，所以使用非常广泛，可以满足不同的使用场景和使用部位的需求。为满足空间更高的艺术效果及功能性需求，涂料开发出更多的新型产品，让装饰设计有更多的选择，如硅藻泥、艺术涂料、树脂涂料、书写涂料等。

涂料小知识：

国标对涂料与油漆的注释，早期大多以植物油为主要原料，故有油漆之称。现合成树脂已大部或全部取代植物油，故称为涂料。此类材料之所以称涂料不称油漆，更多的是由于油漆品种及类别的发展所致，是因为油漆名称已涵盖不了行业现有的各类产品，而涂料一词可全部覆盖行业的各类产品，使用涂料名称更准确、更科学。

第一节 乳胶漆

一、材料简介

乳胶漆是乳胶涂料的俗称，是以丙烯酸酯共聚乳液为代表的一大类合成树脂乳液涂料。乳胶漆是以合成树脂乳液为基料，以水为分散介质，加入颜料、填料和助剂，经一定工艺过程制成的涂料。乳胶漆具备易于涂刷，干燥迅速，漆膜耐水、耐擦洗性好的众多优点。因为乳胶漆是水性涂料，有机溶剂一半被水代替，因此有机溶剂的毒性问题基本上被乳胶漆彻底地解决了（图 7–1）。

乳胶漆中含有小量乳化剂和微量未聚合的游离单体，存在不同程度的毒性问题，市面上环保漆游离单体的浓度控制在 0.1% 以下，其他游离挥发物质含量也极低，是相对绿色环保的装饰材料。

乳胶漆有亚光漆、半亚光漆、高光漆、丝光漆等。

二、艺术特色

乳胶漆是室内装饰墙面、顶面主要装饰材料，特别是顶面装饰，几乎全部是乳胶漆装饰。乳胶漆附着力强，颜色丰富，色彩柔和，干燥后漆膜坚硬、平整光滑、质感细腻、色彩明快、饰面观感舒适、光洁持久不变色，是非常理想且环保的装饰材料（图 7–2、图 7–3）。

三、设计表达

1．干燥速度快，施工效率高。在 25℃时，30 分钟内表面即可干燥，120 分钟左右就可以完全干燥。

2．耐碱性好，适用范围广。涂于呈碱性的新抹灰墙面、天棚及混凝土墙面，不返粘，不易变色。

3．色彩丰富，搭配多变。乳胶漆色彩丰富，合理的颜色搭配，可营造多变的空间氛围。

4．有害物质含量低，绿色环保。乳胶漆以水为溶剂，微量有害物质易挥发，基本认定为绿色环保的装饰材料。

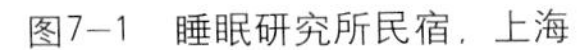
图7-1　睡眠研究所民宿，上海

图7-2　DUPU服装工作室1，杭州

图7-3　DUPU服装工作室2，杭州

5. 调制方便，易于施工，可以用水稀释，用于毛刷或排笔施工，工具用完后可用清水清洗，十分便利。

四、工艺构造

乳胶漆墙顶面施工，工艺相对简单、快捷。施工前须对基层做详细检查、处理，保证基层平整、无开裂及空鼓现象出现方可施工（图7-4）。

工艺流程：

基层处理→钢丝网／无纺布铺装→水泥砂浆找平→批腻子→打磨光滑→刷底漆→刷面漆→成品保护。

施工小常识：

基层为新建建筑，基层钢丝网或无纺布可不铺装，老建筑改造需铺装，防止开裂。水泥砂浆找平层，厚度最薄处不得低于20mm，墙顶面平整度超过50mm时，不可一次找平完成，应分两次找平施工。墙顶面批腻子每次宜薄不宜厚，高差较大部位可多批几遍，在最后一遍之前需整体打磨光滑，以保证墙顶面平整度。

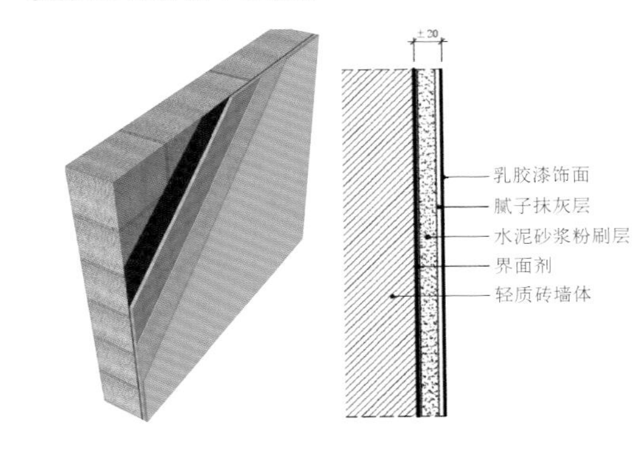

图7-4　工艺构造图

第二节　油漆

一、材料简介

油漆是用有机或无机材料来装饰和保护物品的一种混合物，属于有机化工高分子材料，所形成的涂膜属于高分子化合物类型。油漆早期大多以植物油为主要原料，故被称作“油漆”。

油漆为黏稠油性颜料，未干情况下易燃，不溶于水，微溶于脂肪，可溶于醇、醛、醚、苯、烷，易溶于汽油、煤油、柴油。

常用于室内的装饰油漆分为油性油漆、水性油漆两大类。油性油漆是以有机溶剂为介质或高固体、无溶剂的油性漆。水性油漆是以水溶解或用水分散的油漆。相对油性漆，水性油漆更为绿色环保（图7-5、图7-6）。

油漆小知识：

本章节所讲油漆，为狭义上的油漆，特指附着在家具、木材上形成保护漆膜装饰的漆料总称，即传统意义上所指的油漆概念。

装饰油漆常用品种一般有硝基漆、聚酯漆、聚氨酯漆、丙烯漆等，其中聚氨酯漆是室内装饰使用最多的油漆品种之一。根据装饰油漆漆面效果，常用漆艺饰面有封闭漆、开放漆、裂纹漆等。

1. 封闭漆

封闭漆是室内木饰面装饰使用最广泛的漆面做法。封闭漆是把木材管孔、木纹纹理都封闭起来，涂刷形成光滑的表面，饰面呈琥珀状效果最佳。封闭漆一般选用聚氨酯漆，其漆膜强韧，光泽丰满，附着力强，具有耐水、耐磨、耐腐蚀性，是高端木制品优选漆料。

封闭漆对木材没有要求，适用于所有木材，通常情况下选择木板横切面上的管孔（木眼）较小较浅的树种效果最佳。常见木饰面品种有柚木、酸枝木、樱桃木、楠木等（图 7–7、图 7–8）。

封闭漆小知识：

封闭漆有清水漆、混水漆两种做法。

清水漆保留木材纹理的自然形态，漆面如琥珀状，晶莹剔透。清水漆饰面如漆面颜色较重，涂刷次数较多，则木纹呈现不够清晰，会有类似混水漆效果。

混水漆用腻子将木纹遮盖，看不到木材纹理形态，只有漆面颜色呈现，如白色等。采用混水漆做法，为降低造价，木饰面通常采用木质复合板材做基层，而非采用木饰面板。

2. 开放漆

开放漆是相对封闭漆而言的一种木器涂装工艺，是近年在高档家具、木饰面设计上比较流行的一种工艺。开放漆制作后的木饰面，木材的纹理仍然可以保留下来，且摸起来有强烈的肌理感（图 7–9 ~ 图 7–11）。

开放漆对木材要求较高，不是所有木材都可以喷涂开放漆。管孔较大、纹理较深、粗糙的木材方可采用此工艺。开放漆施工难度大，可能要喷涂七八次，甚至十次以上才能达到设计要求，常见木饰面品种有橡木、水曲柳木、柞木、榆木等。

开放漆小知识：

开放漆有全开放和半开放之分，全开放漆是完全保留木材的天然毛孔、纹理，突出肌理感效果。半开放漆木材进行了半封闭处理，木纹的天然效果相对开放漆较弱，但整体效果更为细腻、自然。

3. 裂纹漆

裂纹漆是由硝化棉、颜料、体质颜料、有机溶剂、辅助剂等研磨调制而成的可形成各种颜色的硝基裂纹漆，属挥发性自干油漆，

图7–5　Birch酒店室内改造1，伦敦

图7–6　Birch酒店室内改造2，伦敦

图7–7　Thompson Hess住宅1，巴西

图7–8　Thompson Hess住宅2，巴西

图7–9　FINE FAN杂货铺 + 食堂1，上海

图7–10　FINE FAN杂货铺 + 食堂2，上海

图7-11 FINE FAN杂货铺 + 食堂3，上海

图7-12 石斛酒博物馆1，杭州

图7-13 石斛酒博物馆2，杭州

无须加固化剂，干燥速度快。由于裂纹漆粉性含量高，溶剂的挥发性大，因而它的收缩性大，柔韧性小，喷涂后内部应力产生较高的拉扯强度，形成良好、均匀的裂纹图案，增强涂层表面的美观，提高装饰性（图7-12、图7-13）。

裂纹漆由于能形成好看的裂纹，又对物体表面起到保护及装饰作用，提高了产品的附加值，所以得到广大用户的青睐，渐渐成为建筑装饰中常用的一种高档装修材料。

裂纹漆小知识：

裂纹漆具有硝基漆的基本特质，施工时，必须在同一特性的一层或多层硝基漆表面才能完全融合并展现裂纹漆的另一裂纹特性。

二、艺术特色

1.封闭漆

封闭漆饰面抗污能力强、防水性能好，易打理、耐用持久。漆膜丰满厚实、光滑亮丽，摸起来温润细腻，营造出时尚亮丽、高端奢华的装饰效果。封闭漆可以适合所有木材基质，是最主要的木饰面漆艺。

2.开放漆

开放漆保留了原始木纹的纹理，木孔明显，纹理清晰，摸起来可以感受到原木的凹凸纹理，手感舒服、柔和，更加贴近自然。木材表面纹理、棕孔经过打磨、擦色处理，色浆、油漆直接渗入木眼，木纹颜色亮丽、质感突出，能真切地让人感受到原木风采。渗入木纹的油漆，使开放漆具有不易褪色、不择色的优良性能。

3.裂纹漆

裂纹漆具有独特古典装饰风格的艺术描绘，营造高贵、浪漫空间情调，极具艺术蕴涵；漆面裂纹均匀，变化多端，错落有致，极具立体美感；漆面经过精心设计，艺术效果图多变，有的苍劲有力、纵横交错，有的犹如壮丽的山川河流图，自然逼真。其独特的艺术形态，将古典艺术与现代设计巧妙融为一体。

三、设计表达

1. 油漆饰面或晶莹剔透、细腻温润，或色彩艳丽、质感突出，或错落有致、立体美感，具有多种表达意境。

2. 油漆饰面封闭构造，有效防止湿气进入，具有防腐的优良特性，广泛运用于空间各界面设计。

3. 油漆色彩丰富，质地细腻，表达意境充分，可营造多变的空间氛围。

4. 油漆特别是油性漆，采用有机溶剂为介质，含有各类有害物质较多。油漆装饰相对封闭的漆面构造，导致有害物质挥发代谢时间久，对身体有一定危害，设计时应充分考虑不利因素。

5. 油漆施工工艺复杂，对施工环境特别是空气粉尘含量要求极高，施工现场应通风良好，避免交叉施工。

6. 为更好地展现油漆装饰特性，油漆饰面可采用厂家定制方式生产，现场安装。

四、工艺构造

油漆种类繁多，效果缤纷绚丽，工艺流程各有特色。除开放漆、裂纹漆有特殊工艺，其他油漆饰面基本相同。

常规油漆（封闭漆）工艺流程：

基层处理→打磨→封底漆→磨砂纸→润油粉→基层着色、修补→打磨→刷油色→刷第一道清漆→复补腻子→修色→磨砂纸→刷第二道清漆→刷罩面漆→成品保护。

施工小常识：

油漆施工打磨时，需顺木纹方向打磨。涂刷时，动作要快，顺木纹涂刷。涂刷漆面完全干燥后，方可执行下一步打磨、修复等工序。

开放漆工艺流程：

打磨→底漆→打磨→底着色→二度底漆→打磨→面修色→面漆→成品保护。

施工小常识：开放漆以硝基漆为主制作，面漆施工需涂刷 8 遍及以上，方可达到设计效果。

裂纹漆工艺流程：

基层处理→打磨→硝基封闭底漆 2 道→硝基白底漆 3 道→打磨→配套底纹漆 2 道→打磨→喷涂有色底漆 2 道→裂纹面漆→清漆／PU 光油→成品保护。

施工小常识：

施工裂纹漆一般以喷涂施工效果最佳，底漆、面漆颜色反差越大，立体感越好，效果越佳。

第三节 硅藻泥

一、材料简介

硅藻泥是一种以硅藻土为主要原材料的内墙环保装饰壁材，质地细腻、无污染的纯天然材料。硅藻泥绿色环保、色彩柔和，具有良好的装饰性，同时还具有防火、调节湿度、保温隔热的使用功能性，是新兴的室内壁饰装饰材料。

二、艺术特色

硅藻泥富含多种有益矿物质，质地轻软、质感厚重。添加一定比例的粗骨料抹平形成较为粗糙的质感表面，制作出的图案肌理自然、朴素，显得质朴大方，适宜于大面积装修（图 7–14 ～图 7–16）。

三、设计表达

1. 硅藻泥具有独特的表面质感，在空间使用，可营造古朴、自然、宁静的空间氛围。

2. 硅藻泥有多种效果表现方式，表面平涂适合大面积装修，效果质朴大方，可在墙面、顶面大面积使用。表面艺术肌理效果适合空间主题墙面使用，如祥云、艺术图案等。

3. 硅藻泥可以采用颜料绘画的方式在墙面作画，赋予设计者更广阔的创作空间。

4. 硅藻泥墙面弄脏不宜清洗修复，人流量大的公共空间尽量

图7–14 姑苏小院东花里精品酒店1，苏州

图7–15 姑苏小院东花里精品酒店2，苏州

图7-16 姑苏小院东花里精品酒店3，苏州

少用。

5. 硅藻泥属于水溶性饰面材料，不能用于直接受水浸淋的地方，对于空鼓或出现裂纹的基底须预先处理。

四、工艺构造

工艺流程：

基层处理→批腻子→打磨光滑→涂刷封闭底漆→硅藻泥涂抹 2 遍→艺术肌理表面工法制作→收光→成品保护。

施工小常识：

硅藻泥艺术效果在于表面艺术肌理工法制作，同样材料和施工道具，不同工人施工效果千差万别，十分考验技术工人艺术涵养及工法技艺。

第四节 艺术涂料

一、材料简介

艺术涂料是一种新型的墙面装饰艺术漆，最早起源于欧洲，盛行于欧美及日本、马来西亚等国，后传入中国；是以灰泥为基材，通过各类批刮工具在墙面、地面上批刮操作，产生各类纹理的一种涂料。其艺术效果明显，质地和手感滑润，是比较流行的一类薄浆艺术涂料的代表。其花纹讲究若隐若现，有三维感，表面平滑如石材，光亮如镜面（图 7–17 ～图 7–19）。

二、产品类型

艺术涂料市面上有真石漆、板岩漆、壁纸漆、浮雕漆、肌理漆、马来漆等。

1. 真石漆具有天然大理石的质感、光泽和纹理，逼真度可与天然大理石相媲美，可以模仿天然大理石的颜色及纹理，又称仿大理石漆（图 7–20、图 7–21）。

2. 板岩漆采用独特材料，其色彩鲜明，具有板岩石的质感，可创作出艺术造型。通过艺术施工的手法，能呈现各类自然岩石的装饰效果，具有天然石材的表现力，同时又具有保温、降噪的特性（图 7–22）。

3. 壁纸漆也称液体壁纸、幻图漆或印花涂料，属于一种新型内墙装饰水性涂料。产品绿色环保，以其独特的施工手法和工艺，使其达到真正的无缝连接。产品还有不易剥落、起皮、开裂、易清洗等优点，将逐步替代传统的墙纸（图 7–23、图 7–24）。

4. 浮雕漆是一种立体质感逼真的彩色墙面涂装艺术质感涂料，装饰后的墙面呈现出浮雕般观感效果，所以称之为浮雕漆。浮雕漆不仅是一种全新的装饰艺术涂料，更是装潢艺术的完美表现（图 7–25、图 7–26）。

5. 艺术肌理漆系列具有一定的肌理性，花形自然、随意，适合不同场合的要求，满足人们追求个性化的装修效果，异形施工更具优势，可配合设计做出特殊造型与花纹、花色（图 7–27、图 7–28）。

6. 马来漆漆面光洁，有石质效果，花纹讲究若隐若现，有三维感。花纹可细分为冰菱纹、水波纹、碎纹纹、大刀石纹等各种效果，以上效果以朦胧感为美。讲究花纹清晰，

图7-17　融合 · Danilo艺术涂料展厅1，汕头

图7-18　融合 · Danilo艺术涂料展厅2，汕头

图7-19　融合 · Danilo艺术涂料展厅3，汕头

图7-20　张润大厦1，上海

图7-21　张润大厦2，上海

图7-22　重庆万科 · 城市花园

图7-23　直线、消隐与猫咪乐园1，北京

图7-24　直线、消隐与猫咪乐园2，北京

图7-25　台湾漆艺1

纹路感鲜明，有轻微的凸凹感（图 7-29 ~ 图 7-31）。

三、艺术特色

艺术涂料颜色丰富有层次，相对墙纸具有不变色、不翘边、不起泡、无接缝、寿命长的优良特性；同时具有乳胶漆易施工、寿命长的优点和墙纸图案精美、装饰效果好的特征，是集乳胶漆与墙纸的优点于一身的高科技产品。其独特的装饰效果和优异的理化性能是任何涂料和壁纸都不能达到的。

四、设计表达

1. 色彩浓淡相宜，效果富丽华贵，晶莹剔透。
2. 独特的施工手法和蜡面工艺处理，手感细腻犹如玉石般的质

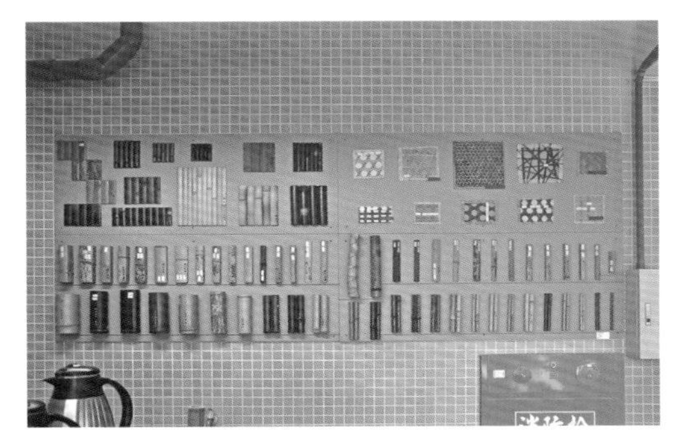

图7-26　台湾漆艺2

图7-27　燃锅1，北京

图7-28　燃锅2，北京

图7-29　芜湖O.T.S时尚店1，安徽

图7-30　芜湖O.T.S时尚店2，安徽

图7-31　芜湖O.T.S时尚店3，安徽

地和纹理。

3. 可以在表面加入金银批染工艺，可以渲染出华丽的效果。

4. 艺术涂料图案精美，色彩丰富，有层次感和立体感。

5. 艺术涂料表达力强，可任意调配色彩，可按照个人的思想自行设计表达，选择多样，装饰效果好。

6. 艺术涂料在光线下会产生不同的折光效果。

7. 易操作，可大面积施工，有一定的防水功能，易清理，应用广泛。

五、工艺构造

艺术涂料具有艺术表现功能，结合一些特殊工具和施工工艺，制造出各种纹理图案的装饰材料。艺术涂料质感肌理表现力更强，可直接涂在墙面，产生粗糙或细腻立体艺术效果。可通过不同的施工工艺和技巧，制作出更为丰富和独特的装饰效果。

艺术涂料独特的艺术效果决定工艺流程相对复杂性与专业性，其施工也均为漆艺厂家派驻专业施工技术人员现场施工，本章节不再详细介绍。

施工小常识：

艺术涂料的小样和大面积施工呈现出来的效果会有区别，建议在大面积施工前，在现场先做出一定面积的样板，再决定整体施工，同时转角处的图案衔接和处理也是效果统一的关键。

第五节　艺术树脂涂料

一、树脂涂料

树脂涂料作为装饰材料，主要是天然树脂涂料和合成树脂涂料两类。天然树脂涂料是以干性油与天然树脂经过热炼后，加入有机溶剂、颜料、催干剂等制成的。合成树脂涂料是以合成树脂为主要成膜物的涂料，其机械性能、装饰和防护等综合性能均优于天然树脂涂料（图 7-32 ～图 7-34）。

天然树脂涂料的特点是施工方便、成本低廉，但耐久性差，美观性弱，常用在建筑及金属制品的涂覆，室内装饰涂饰基本不再使用此类型涂料。

合成树脂涂料以石油化工产品为基础，名目繁多、性能优良，并已成为现代涂料的主要品种，占涂料产量的70%以上。树脂涂料在室内装饰中主要用于地坪装饰（俗称地坪漆），常见的有环氧树脂地坪漆、聚氨酯树脂地坪漆。其中环氧树脂地坪漆包含众多的地坪漆品种：防腐蚀地坪漆、耐磨地坪漆、防静电地坪漆等。

树脂涂料小知识：

树脂涂料常见有水型涂料、高固体涂料、粉末涂料、辐射固化涂料。室内装饰使用为水型涂料，其他三种涂料常用于电器、机械、化工管道等工业产品领域。

二、艺术树脂涂料

1.材料简介

艺术树脂涂料是合成树脂涂料的艺术衍生品，是近些年新生的艺术涂装材料，常见有水墨艺术地坪、复古地坪两类。早在20世纪70年代，欧美地区就有了旧工业时代复古地板。西方国家崇尚历史人文、追求自然，借表面做旧和手刮纹的模仿，便开始进入地板、家具的设计和制作中。艺术树脂涂料由欧美国家传入中国后，经过对材料配比和施工工艺的不断改进，尤其是融合我国的民族元素和书画技法，更接地气，独领风骚。

2.艺术特色

艺术树脂材料的艺术表现力非常出色，产品形态自然、富有变化。特别是水墨艺术地坪，极具韵味的艺术效果，可以塑造一个完整的艺术氛围空间。

水墨艺术地坪极具视觉冲击力，水墨写意的地面形态，犹如古色古香的山水墨画，是新中式住宅不可缺少的一种艺术表现形式（图7—35、图7—36）。

复古地坪主要针对水泥做旧、艺术铁锈复古、清水混凝土墙面复古，可在文化展示空间、设计创意空间、居住空间等多空间形态塑造复古、工业风的装饰格调（图7—37、图7—38）。

3.设计表达

与普通树脂涂料相比，艺术树脂涂料有以下特点：

①附着力强，可以有效附着在任何传统和非传统材料表面。

②可做出任何肌理效果，运用各种颜色绘制各种图案，甚至镶嵌任何材料。

③每块艺术树脂涂料的造型都是量身定制，呈现出独一无二的艺术效果。

④纯手工打造，更加具有艺术特色。

⑤安全环保、耐磨、防火、防潮、防霉，可用于任何空间。

⑥一体成型，无缝衔接，效果更加整体、高档。

图7—32　中山市绿豹灯饰品牌旗舰店空间设计1，广东

图7—33　中山市绿豹灯饰品牌旗舰店空间设计2，广东

图7—34　中山市绿豹灯饰品牌旗舰店空间设计3，广东

图7-35 cottonREPUBLIC北京线下旗舰店1

图7-36 cottonREPUBLIC北京线下旗舰店2

图7-37 SULI房屋改造1，北京

图7-38 SULI房屋改造2，北京

三、工艺构造

艺术树脂涂料是纯手工打造的，具有独一无二的艺术效果。其工艺复杂、技艺专业，艺术树脂涂料施工与艺术涂料一致，均由漆艺厂家派驻专业施工技术人员现场施工，本章节不再详细介绍。

施工小常识：

艺术树脂涂料具有流动性，平面装饰效果非常平滑、美观，但立面效果不太理想，表面平整度较差。艺术树脂涂料施工前需做小样确定整体效果，同时注意转角处的图案衔接和处理，保证效果统一。

第六节　涂料前沿设计应用

图 7-39 ～图 7-54 为涂料设计优秀案例。

图7-39 悦读趣教育体验中心1，上海

图7-40 悦读趣教育体验中心2，上海

图7-41 悦读趣教育体验中心3，上海

图7-42 悦读趣教育体验中心4，上海

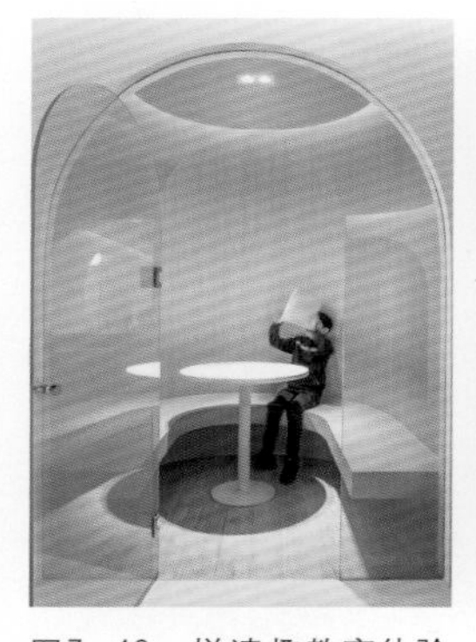

图7-43 悦读趣教育体验中心5，上海

图7-44 芝加哥公共图书馆West Loop分馆1

图7-45 芝加哥公共图书馆West Loop分馆2

图7-46 芝加哥公共图书馆West Loop分馆3

图7-47 移动的丘陵——明珠之丘1，上海

图7-48 移动的丘陵——明珠之丘2，上海

图7-49 移动的丘陵——明珠之丘3，上海

图7-50 中山市绿豹灯饰品牌旗舰店空间设计1，广东

图7-51 中山市绿豹灯饰品牌旗舰店空间设计2，广东

图7-52 中山市绿豹灯饰品牌旗舰店空间设计3，广东

图7-53 中山市绿豹灯饰品牌旗舰店空间设计4，广东

图7-54 中山市绿豹灯饰品牌旗舰店空间设计5，广东

「_ 第八章　纤维」

第八章　纤维

纤维是指由连续或不连续的细丝组成的物质。在动植物体内，纤维在维系组织方面起到重要作用。纤维用途广泛，可织成细线、线头和麻绳，造纸或织毡时还可以织成纤维层；同时也常用来制造其他物料及与其他物料共同组成复合材料。

纤维由天然纤维和化学纤维两大类组成。

天然纤维是自然界存在的，可以直接取得纤维，根据其来源分成植物纤维、动物纤维和矿物纤维三类。

化学纤维是经过化学处理加工而制成的纤维。可分为人造纤维（再生纤维）、合成纤维和无机纤维。

室内装饰材料中，纤维材料包括墙纸、墙布、布艺、皮革、窗帘、地毯等。纤维材料柔软舒适、色彩丰富、图案多变，是空间柔性装饰的最佳选材（图 8–1 ～图 8–3）。

图8–1　Lobby at Hilton Pattaya

图8–2　Karen Stahlecker

图8–3　Sounding Out：room acoustics make themselves heard

第一节　墙纸

一、材料简介

墙纸也称为壁纸，通常用漂白化学木浆生产原纸，再经不同工序的加工处理，如涂布、印刷、压纹或表面覆塑，具有一定的强度、韧度、美观的外表和良好的抗水性能。墙纸因为具有色彩多样、图案丰富、绿色环保、施工便捷等其他装饰材料所无法比拟的优点，是一种广泛用于室内的墙面装饰材料（图 8–4）。

二、产品类型

云母片墙纸：云母是一种矽酸盐结晶，因此这类产品高雅、有光泽感，具有很好的电绝缘性，安全系数高，既美观又实用，有小孩的家庭非常喜爱。常用在公众场所、沙发背景墙、客厅电视背景墙等（图 8–5、图 8–6）。

木纤维墙纸：木纤维壁纸的环保性、透气性都是最好的，使用寿命也最长。表面富有弹性，且隔音、隔热、保温，手感柔软舒适。无毒、无害、无异味，透气性好，而且纸型稳定，随时可以擦洗。常用在要求较高的空间（图 8–7）。

纯纸墙纸：以纸为基材，经印花后压花而成，自然、舒适、无异味、环保性好，透气性能强。因为是纸质，所以有非常好的上色效果，适合染各种鲜艳颜色甚至工笔画。纸质不好的产品时间久了可能会略显泛黄。纸质墙纸是一种全部用纸浆制成的墙纸，这种墙纸由于使用纯天然纸条纤维，透气性好，并且吸水、吸潮，是一种环保低碳的装饰理想材料。

无纺布墙纸：以纯无纺布为基材，表面采用水性油墨印刷后涂上特殊材料，经特殊加工而成，具有吸音、不变形等优点，并且有强大的呼吸性能。纤维量低于16%时，称作无纺纸壁纸；高于16%，称作无纺布壁纸。

随着科学技术的发展，在传统墙纸的基础上，应用现代科学技术，陆续研制出一系列新品种。

调温墙纸：它由3层组合而成，里层是绝热层，中间是一种特殊的调温层，由经过化学处理的纤维构成，最外层上有无数细孔并印有装饰图案。这种美观的墙纸，能自动调节室内温度，保持空气宜人。

防霉墙纸：壁纸中含有防腐剂的墙纸，能有效地防霉、防潮。可以使用在光线难以照射的房间内（图8-8）。

阻挡Wi-Fi墙纸：这种墙纸上面有喷银水晶，能够将Wi-Fi信号封锁，让它只能在自家房内搜到Wi-Fi信号，同时还不会阻隔其他的信号，是一种有效防蹭网、保证网络安全的装饰材料。本款壁纸为法国研究者研发，不过笔者尚未发现国内市场的销售与体验，其真实效果有待商榷，仅供学习者知晓。

三、艺术特色

墙纸产品丰富，色彩纯正，可以营造不同风格的装饰空间。如竖向条纹壁纸可以增加房间的高度感，长条花纹具有恒久、古典、现代与传统的特点，花纹图案有色彩浓烈、呼之欲出的感觉，素色壁纸具有清新淡雅、静逸悠远的空间格调等。

纯纸墙纸，具有亚光、环保、自然、舒适等特点，颜色生动、亮丽。

胶面纯纸墙纸表面多采用PVC材质，色彩多样、图案丰富、价格适宜、施工周期短、耐脏、易擦洗、有较强的透气性。

天然材质类纯纸墙纸，具有亲切、自然、舒适、环保等特点，非常适合于家庭装饰。

金属类纸质墙纸具有防火、防水、华丽、高贵等特点，具有金属表面的效果。

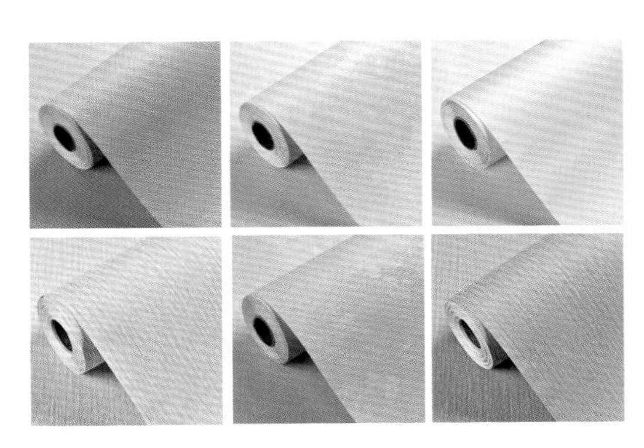

图8-4 墙纸

图8-5 云母片壁纸1

图8-6 云母片壁纸2

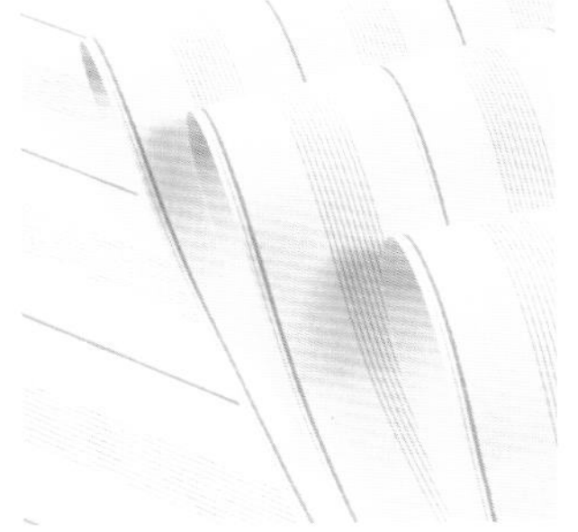

图8-7 木纤维墙纸

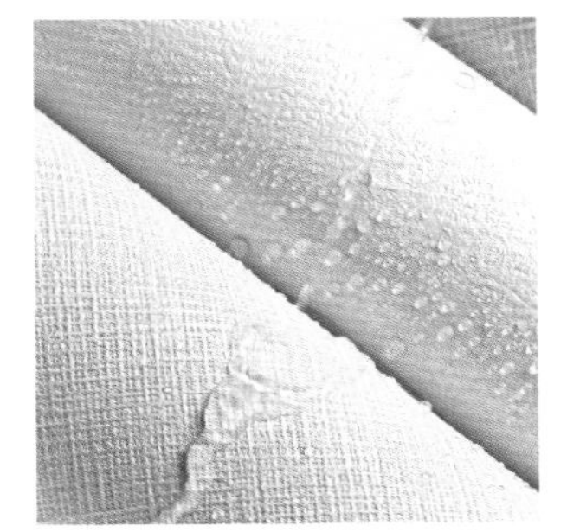

图8-8 防霉墙纸

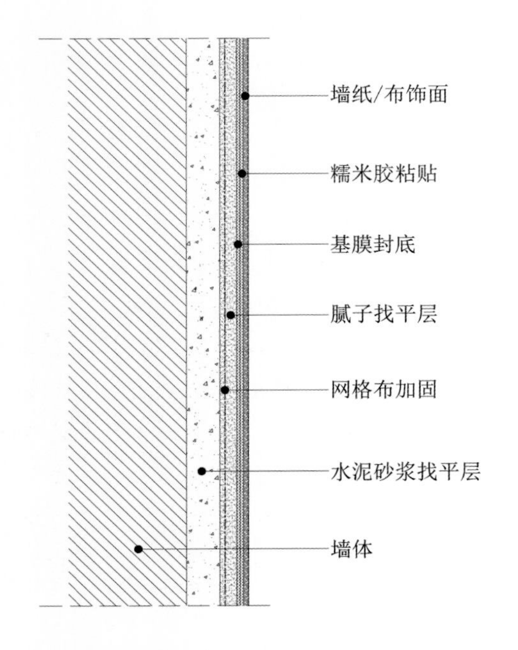

图8-9 墙纸/布工艺构造图

四、设计表达

1. 墙纸与设计风格：墙纸与室内设计相同，有诸多设计风格，在选用墙纸表达设计意图时，需充分考虑整体设计格调。

2. 墙纸与房间光线：墙纸色调丰富，设计表达时充分考虑房间的光线明暗，光线充足的空间可选用色彩丰富、浓郁类型的墙纸；光线较暗的空间，应选择明亮、轻快类型的壁纸。

3. 墙纸与房间面积：色彩浓烈、图案逼真的墙纸，远观真有呼之欲出的感觉，这种墙纸可以降低房间的拘束感，适合格局较为平淡的房间使用。

4. 墙纸与房间功能：房间有不同功能，客厅开朗愉悦、卧室温馨私密、书房静逸沉稳、儿童房活泼动感，不同空间带来不同的心理、视觉体验，墙纸选择应与空间属性相匹配。

五、工艺流程

墙纸可在墙面、顶面铺贴，对铺贴基层要求较高，具体工艺流程如下。

工艺流程：

基层清理→水泥砂浆找平→批腻子→打磨光滑→墙纸预铺→墙纸裁剪→墙面涂刷壁纸基膜→墙纸涂刷壁纸专用胶→墙纸铺贴→成品保护。

施工小常识：

壁纸基层处理是墙纸铺贴效果的关键，如空间为老旧建筑，墙面做石膏板基层，会让墙纸铺贴更为平整、美观（图 8-9）。

第二节 墙布

一、材料简介

墙布又称“壁布”，是用于墙面装饰的一种特殊的“布”。用棉布为底布，并在底布上施以印花或轧纹浮雕，也有以大提花织成，所用纹样多为几何图形和花卉图案。墙布图形、色彩、式样丰富，空间表现力强，可以满足不同人群个性化的设计需求（图 8-10）。

二、产品类型

墙布表面材料丰富多样，由单一材料（丝绸、化纤、纯棉、布革）编织而成，也有几种复合材料编织而成的，因此市场上对墙布的分类多种多样。

1.按布面划分

色织提花布面：布面色彩丰富、立体感强、耐擦洗，适合素色花型或做绣花布底，实用性最强。

染色提花布面：布面常用麻布、蚕丝、羊绒等素色，价格低、色泽好，但色彩单一，适合大体量工程项目。

绣花布面：花型凹凸感强、间距较宽、精美度比提花强，布面易积灰、脱线。

印花布面：采用热转印、圆网印、数码印、压花等工艺，真实感强，色彩多且过渡自然。

其他非梭织布面：为针织布、海基布、非织蚕丝布，该类不是

图8–10　墙布

主流产品。

2.按底基材料划分

大致可分为布面无底、布面纸底、布面无纺布底、布面胶底、布面浆底五类。

3.按层次结构划分

分为单层和复合两种。

单层墙布即由一层材料编织而成，其中一种锦缎墙布最为绚丽多彩，由于其缎面上的花纹是在三种以上颜色的缎纹底上编织而成，因而更显古典雅致。

复合型墙布就是由两层以上的材料复合编织而成，分为表面材料和背衬材料，主要有发泡和低发泡两种。此外，还有防潮性能良好、花样繁多的玻璃纤维墙布，其中一种浮雕墙布因其特殊的结构，具有良好的透气性而不易滋生霉菌，能够适当地调节室内的微气候。

三、其他性能特征

墙布与墙纸除材料构成要素不同，在室内装饰材料上，在艺术特色、设计表达、工艺构造上基本一致，无特殊差异，本节不再详述，具体参考墙纸一节。

第三节　布艺皮革

一、材料介绍

布艺皮革材质柔软舒适，是室内装饰材料中为数不多的软材质。是家具、窗帘装饰的重要材料。在室内界面装饰中，常以软包、硬包的形式出现，是柔化室内空间生硬线条、赋予空间温馨典雅氛围、塑造温暖舒适空间的首选材料。

1.布艺

布艺即指布上的艺术。布艺在现代家庭中越来越受到人们的青睐，本教材介绍布艺为“硬装”布艺饰面，常规做法为软包、硬包饰面。布艺作为“软装”在空间中更独具魅力，常用于窗帘、家具装饰设计。空间上，可以营造清新自然、典雅华丽、情调浪漫的氛围；风格上，可以营造不同风格、特色，各类风格互相借鉴、融合，赋予布艺不羁的性格，最直接的影响是它对于空间氛围的塑造作用。作为“软装”功能使用的布艺，本教材不做过多讲述（图8–11、图8–12）。

布艺材质主要集中在天然纤维、化学纤维两类产品，用于界面装饰。天然纤维产品主要为棉布、麻布、丝织品等，用于有较高档设计要求的空间。化学纤维有涤纶、棉纶、腈纶等弹力纤维，用于有中档设计要求的空间。

2.皮革

皮革分天然皮革、人造皮革及合成皮革。

天然皮革是经过脱毛和鞣制等物理、化学加工所得到的已经变形、不易腐烂的动物皮。天然皮革是由天然蛋白质纤维在三维空间紧密编织构成的，其表面有一种特殊的粒面层，具有自然的粒纹和光泽，手感舒适（图8−13）。

人造皮革也叫仿皮或胶料，是PVC和PU等人造材料的总称。它是在纺织布基或无纺布基上，由各种不同配方的PVC和PU等发泡或覆膜加工制作而成，可以根据不同强度、耐磨度、耐寒度和色彩、光泽、花纹图案等要求加工制成，具有花色品种繁多、防水性能好、边幅整齐、利用率高和价格相对真皮便宜的特点。

合成皮革是模拟天然革的组成和结构并可作为其代用材料的塑料制品。表面主要是聚氨酯，基料是涤纶、棉、丙纶等合成纤维制成的无纺布。其正、反面都与皮革十分相似，并具有一定的透气性。特点是光泽漂亮，不易发霉和虫蛀，并且比普通人造革更接近天然革。合成革表面光滑，通张厚薄、色泽和强度等均匀一致，在防水、耐酸碱、耐微生物方面优于天然皮革，优质合成皮革比天然皮革价格昂贵，定性效果好，表面光亮。

二、艺术特色

布艺、皮革质地柔软，设计使用可以赋予空间设计温度，让空间氛围更具有温暖气息。材料特有的物理孔隙，可以有效地降低空间噪音，减少回声，获得听觉的舒适度。特殊布艺，如棉纱、麻纱、丝纱等布艺材质，营造空间虚实变化，为空间增添朦胧的意境。

三、设计表达

1. 布艺皮革色彩丰富、款式多样。颜色绚丽多彩、高贵素雅，手感轻薄顺滑、厚重舒适，质感柔软光泽、高雅恬淡，适合多种空间表达（图8−14）。

2. 布艺、天然皮革、合成皮革透气性好，人造皮革透气性差，设计选用根据材质特点选材。

3. 布艺皮革遇水会霉变，设计时要避开相对潮湿部位。

四、工艺构造

布艺皮革在室内界面设计，均以硬包、软包饰面出现，基层工艺构造做法一致，面层有枪钉安装、胶水安装、魔术贴安装三种方法。

工艺流程：

基层清理→木龙骨／轻钢龙骨制作→木工板基层→软包／硬包安装→成品保护。

施工小常识：

施工前，软包、硬包应加工成型。如基层界面平整、干燥，可直接用木工板做基层，不需要龙骨基层。如空间所处环境潮湿，基层最好选用轻钢龙骨做骨架，木工板等木质基层需做防腐处理（图8−15）。

图8−11 Peter Gentenaar′s Paper Sculptures Inspired by Plant Life

图8−12 窗帘

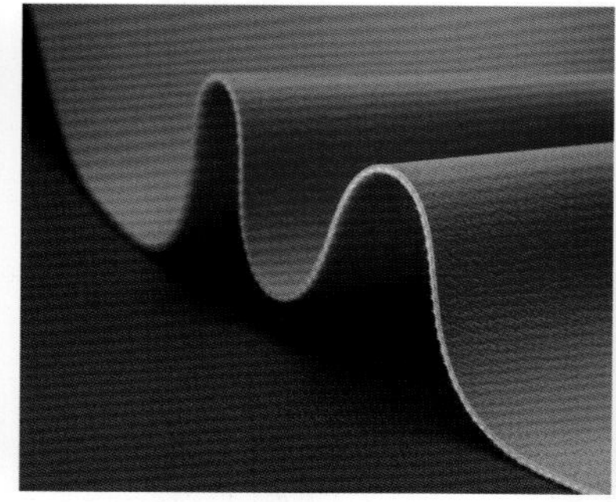

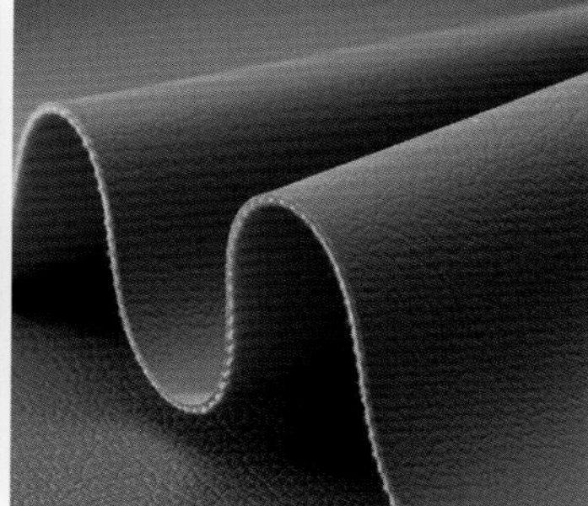

图8−13 皮革

图8-14　皮革硬包

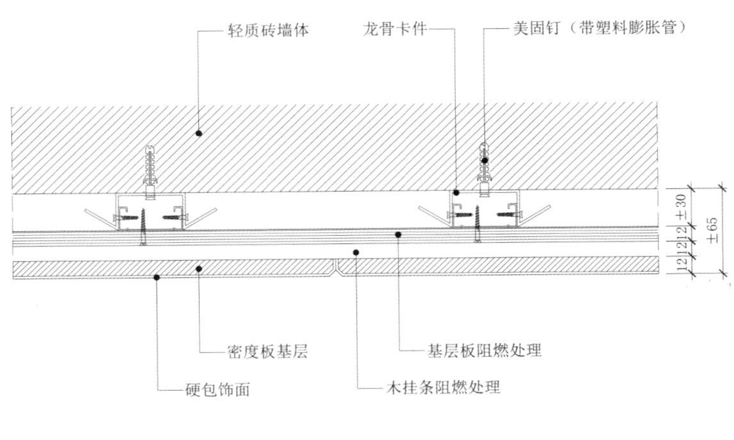

图8-15　硬包饰面工艺构造图

第四节　地毯

一、材料介绍

地毯是以棉、麻、毛、丝、草纱线等天然纤维或化学合成纤维类原料，经手工或机械工艺进行编结、栽绒或纺织而成的地面铺敷物。它是世界范围内具有悠久历史的传统工艺美术品类之一，覆盖于居住空间、公共空间、商业空间、车辆、船舶、飞机等交通工具地面装饰，能减少噪声、改善脚感，并具有装饰效果（图8-16）。

在室内设计中，常用地毯类型很多，按使用功能分，有商用地毯、家用地毯、艺术地毯。按产品形态分，有方块地毯、满铺地毯。按材质分，有羊毛地毯、化纤地毯。其他相关地毯有亚麻地板、橡胶地板、PVC 地板等。

1.羊毛地毯

羊毛地毯多采用羊毛为主要原料制作。它毛质细密，具有天然的弹性，受压后能很快恢复原状；采用天然纤维，不带静电，不易吸尘土，还具有天然的阻燃性。纯毛地毯图案精美，色泽典雅，不易老化、褪色。有手工羊毛地毯、机织羊毛地毯两种，是地毯中的贵族（图 8-17）。

羊毛地毯小知识：

机织羊毛地毯根据绒纱内羊毛含量的不同又可分为纯羊毛地毯：羊毛含量≥ 95%；羊毛地毯：80% ≤羊毛含量 <95%；羊毛混纺地毯：20% ≤羊毛含量 <80%；混纺地毯：羊毛含量 <20%。

2.化纤地毯

化纤地毯采用尼龙纤维（锦纶）、聚丙烯纤维（丙纶）、聚丙烯腈纤维（腈纶）、聚酯纤维（涤纶）、定型丝、PTT 等化学纤维为主要原料制作。它的最大特点是耐磨性强，同时克服了纯毛地毯易腐蚀、易霉变的缺点，但阻燃性、抗静电性相对又要差一些。化纤地毯是地毯的主流产品，市面上各种类型地毯基本属于化纤地毯类型（图 8-18）。

3.橡胶地板

橡胶地板是天然橡胶、合成橡胶和其他成分的高分子材料所制成的地板。在外观上，它颜色鲜明亮丽，质感像橡胶一样柔软，适合作为运动场合的铺垫。天然橡胶是指人工培育的橡胶树采下来的橡胶产品，合成橡胶是石油副产品，包括丁苯、高苯、顺丁橡胶等。

橡胶地板具有耐磨防滑、色泽艳丽、质地柔软的特点，广泛用于医院、展馆、健身房、运动场馆等空间地面。

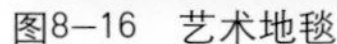
图8-16　艺术地毯

图8-17　羊毛地毯

图8-18　化纤地毯

4.PVC地板

PVC 地板是指采用聚氯乙烯材料生产的地板，以聚氯乙烯及其共聚树脂为主要原料，加入填料、增塑剂、稳定剂、着色剂等辅料，在片状连续基材上，经涂敷工艺或经压延、挤出或挤压工艺生产而成。PVC 地板是当今世界上非常流行的一种新型轻体地面装饰材料，也称为“轻体地材”。

PVC 地板具有导热环保、吸音防噪、耐酸碱腐蚀等特效，广泛应用于医院、影剧院公共空间、图书馆、报告厅等有静音要求空间。

二、艺术特色

以纤维为主要材料制作的地毯、地板，相对于石质材料、瓷质材料、木质材料等硬性材料地面，具有更好的柔软舒适特性。具体表现如下。

地毯：纤维地毯具有丰富的图案、绚丽的色彩、多样化的造型，提升空间装饰环境，体现空间设计个性。地毯不具有辐射、甲醛等有害物质，能达到各种环保要求。地毯的脚感舒适、结构稳定、美观大方，毯面可以印花或压成花纹，形式多样。搬运、储藏和随地形拼装、更换十分方便。

PVC／橡胶地板：有颜色鲜明稳定，质感柔软的装饰特性。产品吸音防噪、耐磨防滑，拼缝可采用焊接方式处理，达到整体铺装的效果。

三、设计表达

1. 风格统一原则：纤维地材图案丰富，造型各异，具有不同属性的装饰风格，设计选材应与装饰风格相统一。

2. 分区选用原则：空间由不同设计区域组成，区域功能不同，需求各异，地材选择应与空间功能相适应。

3. 造价吻合原则：纤维地材价格区间范围广，设计选用应根据空间设计造价合理选择恰当产品。

四、工艺构造

纤维地材分卷材和块毯两部分工艺构造，基本构造原理相同。

地毯卷材工艺构造：

基层清理→水泥砂浆找平→弹线、定位→地毯裁剪预铺→钉倒刺板挂毯条贴→地垫铺设→地毯铺贴→收口、细部处理→成品保护。

PVC／橡胶／亚麻卷材工艺构造：

基层清理→水泥砂浆找平→自流平施工→弹线、定位→地板裁剪预铺→地板铺设→接缝焊接→成品保护（图 8-19）。

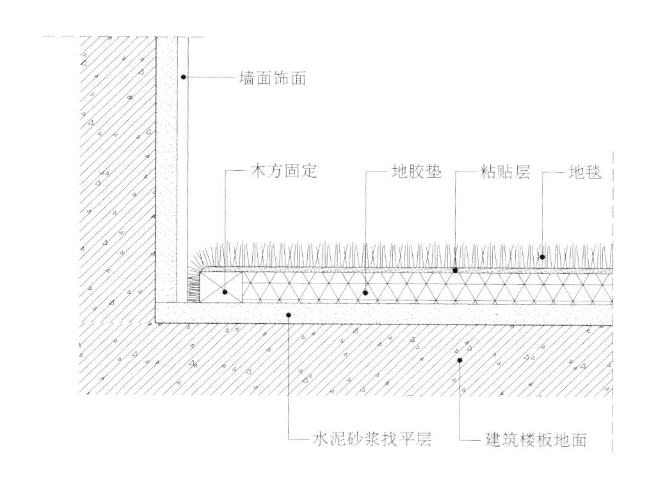

图8-19　地毯铺贴工艺构造图

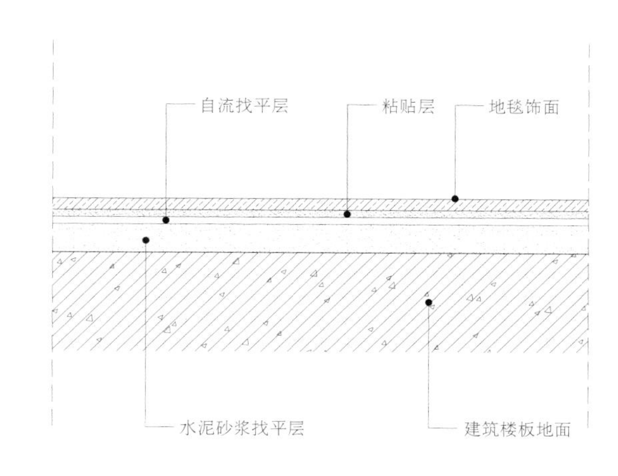

图8-20　块毯/PVC地毯铺贴工艺构造图

块毯工艺构造：

基层清理→水泥砂浆找平→自流平施工→弹线、定位→块毯拼花预铺→地板铺设→成品保护。

施工小常识：

纤维地材铺设时，地面需清理干净，使其界面光滑。应按从里到外顺序铺设，铺设完毕后用小碾子滚压，十字交替进行，将地材滚压密实，防止起鼓、翘边现象出现（图 8-20）。

第五节　纤维前沿设计应用

图 8-21 ～图 8-32 为纤维设计应用优秀案例。

图8-21　Abritz酒店大堂

图8-22　light 1

图8–23 light 2

图8–24 SSVT Vapor Slide – SOO SUNNY PARK 1

图8–25 SSVT Vapor Slide – SOO SUNNY PARK 2

图8–26 SSVT Vapor Slide – SOO SUNNY PARK 3

图8–27 SSVT Vapor Slide – SOO SUNNY PARK 4

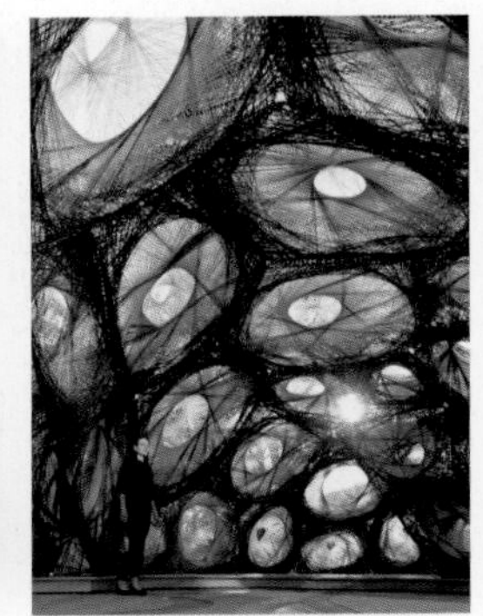
图8–28 Gallery of ICD–ITKE Research Pavilion 2013–14–ICD–ITKE University of Stuttgart

图8–29 ISETAN The Japan Store Kuala Lumpur 1

图8–30 ISETAN The Japan Store Kuala Lumpur 2

图8–31 ISETAN The Japan Store Kuala Lumpur 3

图8–32 ISETAN The Japan Store Kuala Lumpur 4

「_ 第九章　金属」

第九章　金属

金属装饰材料分为黑色金属和有色金属两大类。黑色金属包括铸铁、钢材，其中的钢材主要是制作房屋、桥梁等的结构材料，只有钢材的不锈钢用作饰面装饰使用。有色金属包括铝及铝合金、铜及铜合金、金、银等，它们广泛用于建筑装饰装修中。

金属装饰材料具有独特的光泽和颜色，种类丰富多彩。作为建筑装饰材料，金属庄重华贵，经久耐用，均优于其他各类建筑装饰材料。现代常用的金属装饰材料包括铝及铝合金、不锈钢、铜及铜合金。

金属装饰材料从装饰功能上，可划分为金属饰面、金属型材、金属龙骨三大类。

第一节　金属饰面

一、材料简介

金属饰面是以金属为原材料，经过深加工而成的装饰面板。有纯金属饰面板和复合金属饰面板两大类。

纯金属饰面板由不锈钢基材、钢板基材、铝及铝合金基材、铜基材等金属材料深加工而成，常见有镜面、拉丝饰面、冲孔饰面、网格饰面、锈蚀饰面、铝格栅、铝方通等。在装饰材料中，用在饰面板的金属有不锈钢板、铝板、钢板，用于型材的金属有铝材、铜材，用于龙骨的金属主要为钢材。

复合金属饰面板是由金属面层复合非金属基层而成的饰面板。相对于纯金属饰面板，装饰效果基本一致，因金属厚度远低于纯金属饰面板，所以价格相对较低。产品有金属防火板、铝塑板等，因效果与纯金属饰面板一致，本节不再详述。

不锈钢饰面板：

不锈钢饰面板装饰墙、顶面是一种高档装饰方法，不锈钢板有防火、耐腐等特点，可营造出轻奢的装饰效果，是当下比较流行的装饰材料。不锈钢饰面板根据表面处理工艺，有镜面不锈钢、亚光不锈钢、拉丝不锈钢等产品，有银色、灰色、黑色、香槟色、玫瑰金等丰富的颜色可选（图 9–1 ～图 9–3）。

铝质饰面板：

铝板是指用铝锭轧制加工而成的矩形板材。分为纯铝板、合金铝板、薄铝板、中厚铝板、花纹铝板，铝板装饰材料多用合金铝板制成。根据铝板饰面形状，有拉丝铝板、氧化铝、镜面铝板、压花铝板、冲孔铝板、铝格栅、铝方桶等。根据表面处理工艺有喷涂、覆膜、烤漆、木纹等多种饰面效果。

铝塑板小知识：

铝塑复合板是由多层材料复合而成，上下层为高纯度铝合金板，中间为无毒低密度聚乙烯（PE）芯板，被大量用于室内外界面装饰，效果和铝板相差无几。

铝格栅 / 铝方通：

铝格栅 / 铝方通是将铝单板挤压成 U 形、C 形等造型，常用于人流密集的公共场所，便于空气的流通、排气，管线设备设施容易隐蔽安装，能够使光线分布均匀，使整个空间宽敞明亮。广泛应用于地铁、高铁站、车站、机场、大型商厦、通道、休闲场所、公共卫生间等开放性场所（图 9–4、图 9–5）。

金属网格饰面板：

金属网格饰面板一开始被用于体育场馆等通道吊顶使用，造价低廉，有一定装饰性，对吊顶空调管道、消防管道等设备有隐藏作用。随着工艺进步，金属网形态、材质及装饰效果大幅度提升，成为时尚装饰材料，深受设计师喜爱。广泛应用于建筑外立面、室内屏风、窗帘等部位。由钢质、铜质两种基材深加工而成，其中绝大多数为钢质基材（图 9–6 ～图 9–8）。

图9-1　不锈钢金属饰面板吊顶

图9-2　不锈钢金属饰面板墙面

图9-3　不锈钢金属饰面门板

图9-4　铝方通建筑外装饰

图9-5　铝格栅吊顶装饰

耐候钢板：

耐候钢，即耐大气腐蚀钢，是介于普通钢和不锈钢之间的低合金钢系列。耐候钢由普碳钢添加少量铜、镍等耐腐蚀元素而成，具有优质钢的强韧、塑延成型、焊割、磨蚀、高温、抗疲劳等特性。耐候钢作为新一代先进钢铁材料，耐大气腐蚀性能为普通碳素钢的 2 ~ 5 倍，并且使用时间愈长，耐蚀作用愈突出，锈迹斑驳的表面容易使人产生历史沧桑之感，从而将“时间”这样一个无法捕捉的概念视觉化。近些年被大量使用在建筑、装饰和景观环境中（图 9-9 ~图 9-11）。

二、艺术特色

金属饰面板具有防火、防水、耐腐蚀的特性，与其他材料相比，其独特的金属质感可以营造时尚、轻奢的装饰内涵。金属饰面板具有色彩鲜艳、线条清晰、庄重典雅的艺术特色。

铝格栅 / 铝方通，特殊的空间形态，是公共空间吊顶常用材料，具有开放视野、通风、透气作用。其线条明快整齐，层次分明，塑造了简约明了的现代风格。

金属网在新技术的加持下，饰面形态更加丰富多彩，产品效果精美、细腻。金属网突出金属线条的秩序感、韵律美，表面抛光、做旧等艺术处理，展现出极具变化的空间装饰形态。

耐候钢最初也和普通钢材颜色大致一

图9-6 金属网格饰面板墙面

图9-7 金属网格饰面板顶面

图9-8 金属网格饰面板外墙

图9-9 耐候钢建筑外立面

图9-10 耐候钢公共艺术装置

图9-11 耐候钢公园树池、护栏设计

样，只是锈钢板在大气候的作用下表面形成保护膜，不会再往里面生锈，从而展现出复古的铁红色效果。锈蚀产生的粗糙表面也使其构筑物更富体积感和质量感。锈蚀粗犷的外表，十分符合艺术表达的真实性原则。

三、设计表达

金属饰面板耐火极限高，设计形态形式多样，颜色丰富，材料易加工，好成型，可根据设计需求定制，设计表达充分，造型千变万化。

1. 金属饰面板质地坚硬，造型线条挺拔，可塑造现代简约、时尚轻奢、庄重典雅、古朴静逸的多变空间，空间可塑性强。

2. 不同饰面效果，可与其他材料交相呼应，相互衬托，更好地表达设计主题。

3. 金属饰面板除使用在空间装饰界面，其防火、耐腐蚀的特性，也可作为家具、柜体门板装饰使用，用途广泛。

4. 金属饰面板造价昂贵，应根据工程造价酌情设计。

四、工艺构造

金属饰面板常用于墙面、顶面，根据板材不同，构造工艺各异。不锈钢饰面板需做木基层处理；铝板、铝格栅／铝方通、金属网格需做金属骨架，专用件连接；耐候钢因质量较重，需做混凝土基层桩，通过化学螺栓或焊接固定，因工艺要求专业，且需要进行结构力学计算，本教材不做讲解。

1. 木基层工艺构造

工艺流程：

基层处理→放线→木龙骨／金属龙骨基层制作→木质基层制作→饰面板预装→饰面板背面打胶→饰面板安装→饰面板固定→清理→成品保护。

施工小常识：

上述饰面板安装前，必须根据设计要求预铺板材，确定实际铺贴效果后方可打胶正式铺贴，工艺构造同第二章木质饰面板材工艺构造。

2.金属龙骨工艺构造

工艺流程：

基层处理→放线→金属龙骨基层制作→连接件挂装→铝格栅／铝方通安装→饰面板固定→清理→成品保护。

施工小常识：

铝板金属龙骨一般常用厂家配套龙骨安装，铝格栅／铝方通可采用通用格栅／方通金属龙骨吊装，与金属饰面板所用金属龙骨为不同型号。金属网格吊装时，需考虑其面积、重量，必要时需用角钢／槽钢作为骨架龙骨吊装。

第二节　金属型材

金属型材是以金属为原材料制作而成，用于装饰收口、固定的特殊材料，与其他装饰材料组成一体，构成装饰效果。室内装饰常用的金属型材有铝合金隔墙型材、各类金属收口线条等。

一、铝合金型材

1.材料简介

铝合金型材是应用最广泛的一类有色金属结构材料，除广泛应用于航空、航天、汽车、机械制造、船舶等行业，在建筑、装修中也大量应用。在装饰中，铝合金型材主要应用于玻璃门窗、玻璃隔断、材料收口等部位，起到结构安全和装饰美观的作用。

2.艺术特色

单调的银白色和茶色已不能满足设计师的设计需求，铝合金型材表面有多种处理工艺，如氟碳喷涂、木纹转印、阳极氧化等，赋予材料多种表达意境。丰富的产品类型，使型材表面色彩缤纷，装饰效果极佳。

二、金属收口线条

1.材料简介

金属收口线条出现之处，多以装饰界面保护性功能形式出现。如乳胶漆阳角位置用金属L形线条安装，防止阳角被硬物损坏等。

随着设计审美标准越来越高，传统的功能性为前提的收口线条设计不能满足高标准的设计需求，出现各类兼具艺术装饰性的收

图9－12　金属拉手

图9－13　金属阳角收口线条

图9－14　金属踢脚线条

口线条。

2.艺术特色

设计精美、做工精良的金属收口线条，具有金属材料的简约、时尚特性。表面的电镀、喷涂工艺更是让线条具有极佳的装饰性，是设计师处理界面、材质收口的秘密武器（图9–12～图9–16）。

三、设计表达

1.设计效果的表达是各类材料综合表现，金属型材虽具有良好的装饰性，让空间界面、材料收口更为美观，但在设计使用时不可喧宾夺主，过度运用。

2.铝合金型材作为结构材料使用时，可由设计师提出设计要求，请厂家深化设计图纸，加工制作，并现场成品安装，以保证结构安全及效果美观。

3.金属收口线条产品丰富，有L形、T形、Z形等多种样式，表面颜色及纹理丰富，设计选用时，应注意与设计风格、材料相互衬托、对比，达到最优设计效果（图9–17～图9–20）。

图9–15　金属阳角构件

图9–16　金属构造缝设计

图9–17　L形金属收口线条1

图9–18　L形金属收口线条2

图9-19　T形金属收口线条

图9-20　U形金属收口线条

第三节　金属龙骨

金属龙骨是装饰中常见的龙骨材料，有重钢、轻钢之分。

重钢是由铁、钢为基层材料加工而成的骨架型材。金属龙骨有角铁、槽钢（也称 U 型钢）、工字钢、方管、扁铁等型号，主要针对装饰材料厚重、有较高结构要求时使用，如石材墙面、大规格瓷砖墙面、造型体量大且工艺复杂的吊顶部位。

轻钢龙骨是最为主要的龙骨材料，市面上有 U 型轻钢龙骨、C 型轻钢龙骨、卡式轻钢龙骨等规格。具有易加工、质量轻、荷载大、抗震系数高等优良特性，是室内吊顶、隔墙基层构造的首选材料。

金属龙骨是装饰工程中的隐蔽工程用材，根据不同饰面材料、结构设计做相应调整。具体工艺构造详见各章节工艺构造版块，本节不再详述（图 9–21、图 9–22）。

图9–21　轻钢龙骨

图9–22　轻钢龙骨隔墙

第四节　五金型材

五金型材在现代室内设计中不仅是功能性出现，还兼备使用和装饰性效果。室内设计对五金的设计美感、功能性要求越来越高，五金设计师也在五金的装饰美学上下足功夫，推出诸多极具设计美感的五金配件。

一、五金类型

功能使用上，五金可分为家具五金、厨卫五金、卫浴五金等。

装饰特色上，五金可分为功能性五金、装饰性五金两种。

材质上，五金可分为不锈钢材质、铜镀铬材质、铝合金材质、锌合金材质（图9–23）。

二、艺术特色

五金是连接人与家具关系的重要纽带，功能性与装饰性相融为一体的特殊构件，与家具完美结合带来独特的艺术效果，可以展现设计师与业主独特的审美情趣与个性追求。

三、设计表达

1. 选择设计时，不应仅关注五金装饰性而忽略功能性，毕竟五金连接两个物体之间的开合启承，安全牢固是第一要务。

2. 装饰性五金选用时，要根据产品的形态、材质、颜色、表达意图等方面综合考虑。

3. 五金因材质、工艺不同，价格差异较大，选配时也应列出主要考虑因素，不可盲目选择。

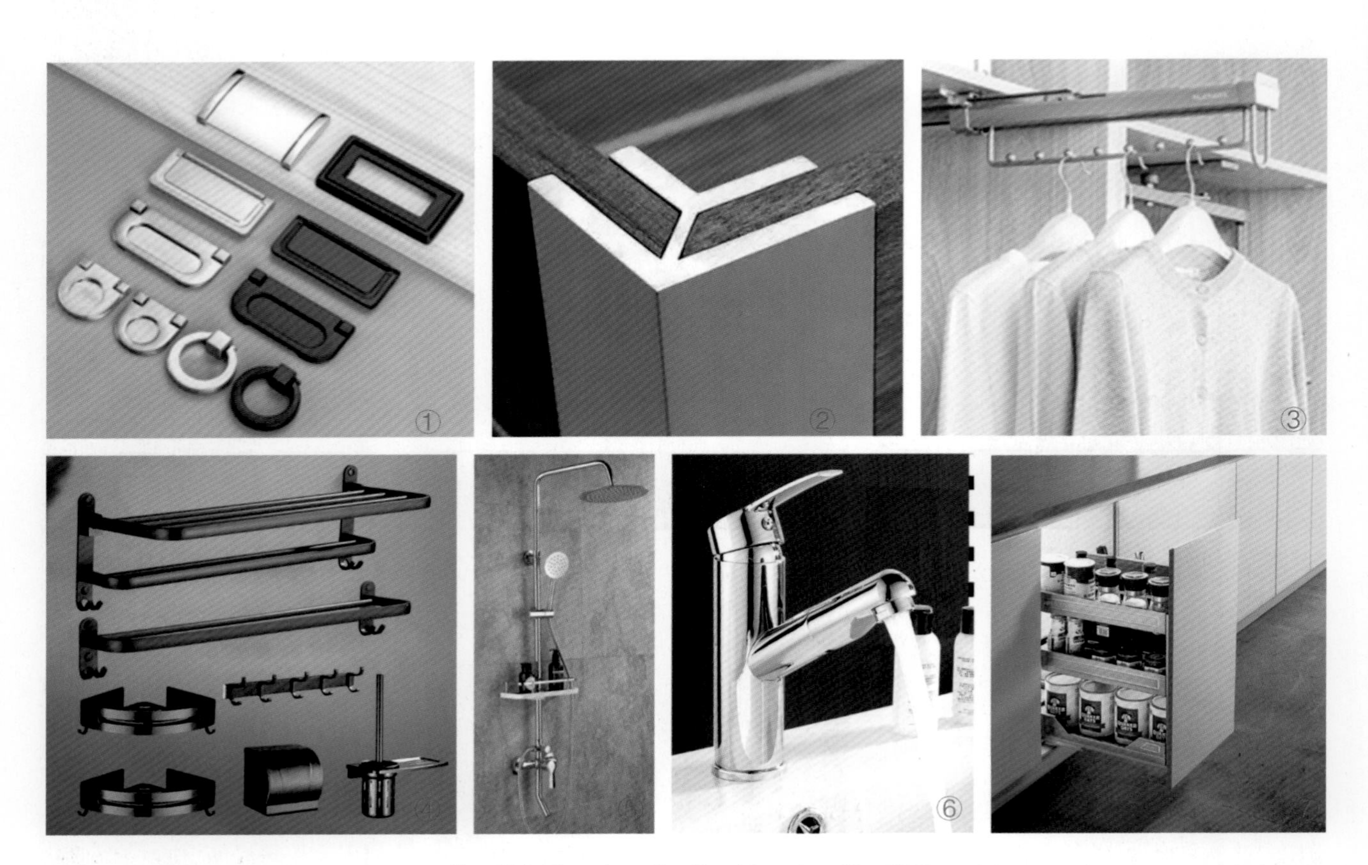

①~③家具五金　④~⑤卫浴五金　⑥~⑦厨卫五金

图9–23　各类五金型材

第五节　金属前沿设计应用

图 9–24 ~图 9–29 为金属设计优秀案例。

图9–24　金属艺术品

图9–25　金属公共艺术装置

图9–26　金属网空间装置1

图9–27　金属网空间装置2

图9-28　金属板墙面造型

图9-29　穿孔铝板墙面